中国医学装备协会医学装备计量测试专业委员会推荐教材

小型压力蒸汽灭菌器质量控制指南

主　编　张　毅　田　昀

副主编　张　弓　张　雯

参　编（按姓氏笔画排序）

王　旭　王　凌　王　娟　王　喆　王　辉　王军学　王莺金
王晓丹　王铁龙　王鹏发　王德文　文　萌　龙必强　权伟涛
朱佳奇　刘　玮　刘　畅　刘　娟　刘　颖　刘宏伟　江宇红
江婧婧　汤　池　孙　浩　孙海燕　杜寅飞　李　明　李　亮
李　晶　李　腾　李丹丹　李菊果　李强光　杨　佳　杨　京
杨　智　肖俊杰　吴　健　余松林　沈文杰　张　辰　张决成
张佳仁　张秋泉　张俊斌　陈　丽　陈　曦　陈丽媛　和建华
金　鑫　周建学　周选超　周奕沁　郑中民　单庆顺　屈　涛
孟凡有　赵普宇　郝宝莲　胡　彪　胡德龙　南　莉　姜　辉
姚　旺　秦承伟　袁淑芳　夏雨佳　徐海中　高　禾　高　凯
黄　鑫　曹　峥　曹　静　曹善林　崔尧尧　彭　战　董　飞
蒋　静　蒋玲华　颜　静　薛　燕

主　审　汪洪军　安　平

机械工业出版社

本书系统地介绍了小型压力蒸汽灭菌器质量控制相关技术。其主要内容包括小型压力蒸汽灭菌器简介、小型压力蒸汽灭菌器的设备管理和质量管理，以及小型压力蒸汽灭菌器使用异常案例及常见故障分析。本书内容全面，图文并茂，将小型压力蒸汽灭菌器的选用、使用、维护保养、风险管理、质量监测及相关人员认定等内容进行了有机融合，并对工作中遇到的知识难点和常见问题进行了讲解，使读者一目了然。本书针对性、指导性和可操作性强，具有较高的实用价值。

本书可供医疗卫生、计量检测机构的管理人员和一线操作人员使用，也可供相关领域的科研人员和相关专业的在校师生参考。

图书在版编目（CIP）数据

小型压力蒸汽灭菌器质量控制指南 / 张毅，田昀主编 . —北京：机械工业出版社，2021.9

ISBN 978-7-111-68672-9

Ⅰ. ①小…　Ⅱ. ①张…　②田…　Ⅲ. ①灭菌 – 化工设备 – 质量控制 – 指南　Ⅳ. ① TQ460.5-62

中国版本图书馆 CIP 数据核字（2021）第 136802 号

机械工业出版社（北京市百万庄大街 22 号　邮政编码 100037）
策划编辑：陈保华　责任编辑：陈保华　王春雨
责任校对：张晓蓉　封面设计：马精明
责任印制：郜　敏
三河市宏达印刷有限公司印刷
2021 年 9 月第 1 版第 1 次印刷
184mm × 260mm · 11 印张 · 2 插页 · 203 千字
0 001—3 200 册
标准书号：ISBN 978-7-111-68672-9
定价：55.00 元

电话服务	网络服务
客服电话：010-88361066	机　工　官　网：www.cmpbook.com
010-88379833	机　工　官　博：weibo.com/cmp1952
010-68326294	金　　书　　网：www.golden-book.com
封底无防伪标均为盗版	机工教育服务网：www.cmpedu.com

《小型压力蒸汽灭菌器质量控制指南》编委会

主　任　张　毅　空军军医大学第三附属医院

　　　　　田　昀　天津市计量监督检测科学研究院

副主任　张　弓　沈阳计量测试院

　　　　　张　雯　重庆市计量质量检测研究院

委　员（按姓氏笔画排序）

王　旭　云南省老年病医院

王　凌　洛阳市质量计量检测中心

王　娟　先声药业有限公司

王　喆　天津市计量监督检测科学研究院

王　辉　天津市计量监督检测科学研究院

王军学　空军军医大学第二附属医院

王莺金　安正计量检测有限公司

王晓丹　天津市计量监督检测科学研究院

王铁龙　中国检验检疫科学研究院

王鹏发　空军军医大学第三附属医院

王德文　赤峰市产品质量计量检测所

文　萌　辽宁省计量检测研究院

龙必强　重庆市计量质量检测研究院第一分院

权伟涛　西诺医疗器械集团有限公司

朱佳奇　上海市质量监督检验技术研究院

任小虎　大同市综合检验检测中心

刘　玮　重庆医科大学附属儿童医院

刘　畅　西诺医疗器械集团有限公司

刘　娟　空军军医大学

刘　颖　重庆市计量质量检测研究院

刘宏伟　郑州市质量技术监督检验测试中心

江宇红　武汉市计量测试检定（研究）所

江婧婧　郑州联勤保障药品仪器监督检验所

汤　池　空军军医大学

孙　浩　天津市计量监督检测科学研究院

孙海燕　云南省滇南中心医院
杜寅飞　天津市计量监督检测科学研究院
李　玮　大连计量检验检测研究院有限公司
李　明　重庆市计量质量检测研究院
李　亮　中国电子科技集团公司第五十二研究所
李　晶　承德市质量技术监督检验所
李　腾　湖北省计量测试技术研究院
李　颖　大连计量检验检测研究院有限公司
李丹丹　江西省计量测试研究院
李姣姣　陕西省计量科学研究院
李偌依　空军特色医学中心
李菊果　昆明医科大学第二附属医院
李强光　天津市计量监督检测科学研究院
杨　佳　天津市计量监督检测科学研究院
杨　京　重庆市计量质量检测研究院第三分院
杨　智　沈阳计量测试院
肖俊杰　云南中检测试科技有限公司
吴　健　北京市计量检测科学研究院
余松林　天津市计量监督检测科学研究院
沈文杰　天津市计量监督检测科学研究院
张　辰　军事医院研究院
张决成　湖北省计量测试技术研究院
张佳仁　上海市质量监督检验技术研究院
张秋泉　重庆市计量质量检测研究院
张俊斌　国家煤矿安全计量器具产品质量监督检验中心
张超峰　山东新华医疗器械股份有限公司
陈　丽　云南自清医疗用品服务有限公司
陈　曦　沈阳计量测试院
陈丽媛　空军军医大学第二附属医院
和建华　贵州省贵阳市阜安心血管病医院
金　鑫　台州市计量设备技术校准中心
周建学　空军军医大学第三附属医院
周选超　贵州省计量测试院

周奕沁　云南省老年病医院
郑中民　天津市计量监督检测科学研究院
单庆顺　空军特色医学中心
屈　涛　西诺医疗器械集团有限公司
孟凡有　内蒙古自治区赤峰市医院
赵普宇　郑州联勤保障药品仪器监督检验所
郝宝莲　空军军医大学第三附属医院
胡　彪　湖南省计量检测研究院
胡德龙　重庆市计量质量检测研究院
南　莉　空军军医大学第二附属医院
姜　辉　哈尔滨誉衡制药有限公司
姚　旺　内蒙古自治区赤峰市医院
秦承伟　青岛海尔生物医疗股份有限公司
袁淑芳　山西省计量科学研究院
夏雨佳　武汉市计量测试检定（研究）所
徐海中　重庆市计量质量检测研究院第一分院
高　禾　重庆市计量质量检测研究院第六分院
高　凯　重庆市计量质量检测研究院第二分院
黄　鑫　空军军医大学第三附属医院
曹　峥　北京市东城区计量检测所
曹　静　中国人民解放军总医院第四医学中心
曹善林　河北省计量监督检测研究院廊坊分院
崔尧尧　天津市计量监督检测科学研究院
彭　战　四川远大蜀阳药业有限责任公司
董　飞　郑州联勤保障中心药品仪器监督检验站
蒋　静　天津市计量监督检测科学研究院
蒋玲华　云南省大理大学第一附属医院
管立江　大同市综合检验检测中心
颜　静　重庆医科大学附属第一医院
薛　燕　包头市产品质量计量检测所

主　审　汪洪军　中国计量科学研究院
安　平　中国合格评定国家认可中心

压力蒸汽灭菌技术是通过高压的作用，使得饱和蒸汽在液化过程中释放大量潜热，致使病原微生物蛋白质变性或凝固，杀灭所有细菌增殖体和芽孢，从而达到灭菌效果的。小型压力蒸汽灭菌器因具有体积小、使用方便、操作简单、灭菌快速等优点，在部分医疗机构的相关科室内使用较多。灭菌效果的评价应通过对其物理参数、生物参数和化学参数的检测进行确认。小型压力蒸汽灭菌器一旦灭菌失败，将直接影响患者安全，因此对其进行规范管理、正确操作、定期检测、质量控制与维护保养，对于保障医疗安全具有重要意义。

本书包括4章，涵盖小型压力蒸汽灭菌器的简介，小型压力蒸汽灭菌设备管理和质量管理、灭菌器使用异常案例及常见故障分析等几个方面的内容。本书图文并茂、针对性强，有较强的科学性和指导性，对工作中遇到的知识难点和常见问题进行探讨，使读者一目了然，具有很高的实用性和操作性。

本书是由多专业、多部门的相关技术专家共同参与完成的。本书汇集了编写人员的丰富管理经验、专业知识和技术操作方法，可为一线管理人员、操作人员提供帮助，具有较高的参考价值。

中国计量科学研究院热工所　所长

汪洪军

小型压力蒸汽灭菌器是在我国医院中使用较早的一种灭菌器。它具有占用空间少、灭菌周期短、操作简单、不需要外源蒸汽等优点，在大型综合医院口腔科、眼科、手术室以及基层医院的消毒供应中心使用较多。

本书是一本理论与实践相结合的、关于小型压力蒸汽灭菌器质量控制的综合指导书，由多专业、多学科的技术人员编写而成，可为医疗机构、计量质量控制部门、生产企业等各类单位从业人员提供帮助，填补了我国医疗卫生行业小型压力蒸汽灭菌器质量控制技术图书的空白。该书从理论基础、专业规范、经典维护案例分析等方面给出了全面的指导，理论与实践相得益彰。作为质量控制类的技术图书，本书深入浅出且通专结合，专业性很强，图文并茂且通俗易懂，是一本集操作、质量控制、管理于一身的综合性指导用书。本书对规范小型压力蒸汽灭菌器质量管理具有重要意义，可作为小型压力蒸汽灭菌器使用和管理的教育培训用书。

随着我国医疗卫生事业的快速推进，医疗行业必然会迎来新一轮的挑战，各级医疗机构和生产企业在医疗器械质量控制以及从业人员培训方面都提出了很高的要求。这本书的问世恰逢其时，对行业发展必将起到巨大的推动作用。

空军军医大学二级教授、专业技术少将
全军医学工程专业委员会副主任委员

目前，国内各大医疗单位大型压力蒸汽灭菌器的质量控制技术与管理等方面的相关标准、规范已经逐步完善，但在小型压力蒸汽灭菌器质量控制方面，细化程度以及理论支持却远远不够。多年来，通过与各类医院及企业一线从业人员交流发现，小型压力蒸汽灭菌器的使用、管理、保养、维修等一些细节操作亟须加强规范指导，否则极易出现被忽视的故障隐患，可能直接危及从业者和医患人员的生命安全。目前，国内还缺乏专业性、实用性、全面性、可操作性兼备的小型压力蒸汽灭菌器质量控制技术资料用来借鉴。

本书系统地介绍了小型压力蒸汽灭菌器质量控制的相关技术：明确了小型压力蒸汽灭菌器的分类及适用范围、主要结构和原理，重点介绍了小型压力蒸汽灭菌器的设备管理要点和质量控制方式，并对小型压力蒸汽灭菌器使用异常案例与常见故障进行了详细分析。本书将小型压力蒸汽灭菌器的选用、使用、维护、保养、风险管理、质量监测及相关人员认定等内容进行了有机融合，针对性、指导性和可操作性强，具有较高的实用价值。

本书由张毅、田昀担任主编，张弓、张雯担任副主编，汪洪军、安平担任主审，参编人员分别来自军队院校及附属医院、地方医院、国家计量院、各省市计量院（所），以及医疗器械企业和第三方检测机构等单位。本书的出版得到了中国医学装备协会医学装备计量测试专业委员会的悉心指导和大力支持，还得到了北京林电伟业计量科技有限公司的积极配合和大力支持，西诺医疗器械集团有限公司等单位为本书的编写提供了最新的小型压力蒸汽灭菌器信息和质量控制相关资料，在此对上述单位及相关专家表示诚挚的谢意！

由于编者知识水平有限，书中难免有不足之处，恳请读者和同行给予批评指正！

空军军医大学第三附属医院

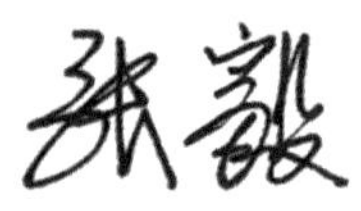

目录
Contents

第一章 Chapter

小型压力蒸汽灭菌器简介 1

压力蒸汽灭菌技术已有 100 多年的应用历史，是目前全世界公认的最可靠的灭菌技术之一，广泛地应用在医疗卫生和工农业各领域。压力蒸汽灭菌温度高，灭菌效果可靠，易于掌握和控制，是安全、有效、经济的灭菌方法，凡是耐高温、耐湿热的物品应首选压力蒸汽灭菌方法进行灭菌处理。在灭菌技术高速发展的今天，这一经典灭菌方法在消毒灭菌领域仍占有重要地位。

压力蒸汽灭菌器是一种物理灭菌方法，主要是利用湿热杀灭微生物的原理而设计的。高温对细胞壁和细胞膜的损伤以及对核酸的作用，均可导致微生物的死亡，而湿热主要是使微生物蛋白质发生凝固而导致其死亡。湿热灭菌方法拥有较强的杀菌效果，能够加速微生物的死亡过程。压力蒸汽灭菌器按照体积可分为大型压力蒸汽灭菌器和小型压力蒸汽灭菌器两类。大型压力蒸汽灭菌器是指可装载一个或者多个灭菌单元、容积大于 60L 的压力蒸汽灭菌器；小型压力蒸汽灭菌器是指灭菌室容积不超过 60L，只能装载一个灭菌单元 [300mm（高度）× 300mm（宽度）× 600mm（长度）] 的压力蒸汽灭菌器。与大型压力蒸汽灭菌器相比，小型压力蒸汽灭菌器具有占用空间少、灭菌周期短、操作简单、不需要外源蒸汽等优点，在口腔科、眼科及手术室等科室应用广泛。

小型压力蒸汽灭菌器在管理期间会产生大量的数据和信息资料，这些数据和信息资料具有很重要的参考价值。随着医院消毒供应中心（central sterile supply department，CSSD）工作信息化程度的不断深入，做好压力蒸汽灭菌器档案管理工作对于医院感控工作的质量控制具有重要的推动作用。

第一节 小型压力蒸汽灭菌器的分类及适用范围

小型压力蒸汽灭菌器可按照特定灭菌负载范围和灭菌周期分类，或按照工作原理分类。

一、按照特定灭菌负载范围和灭菌周期分类及适用范围

小型压力蒸汽灭菌器按特定灭菌负载范围和灭菌周期分为N、B、S三种类型，见表1-1。

表1-1 小型压力蒸汽灭菌器类型

类型	灭菌负载范围	灭菌周期
N型	仅用于无包装的实心负载的灭菌	只有N类灭菌周期
B型	适用于有包装的和无包装的实心负载、A类空腔负载[①]和多孔渗透性负载的灭菌	至少包含B类灭菌周期
S型	用于制造商规定的特殊灭菌物品，包括无包装实心负载和至少以下一种情况：多孔渗透性物品、小量多孔渗透性混合物、A类空腔负载[①]、B类空腔负载[②]、单层包装物品和多层包装物品的灭菌	至少包含S类灭菌周期

①A类空腔负载：单端开孔负载的长度（L）与孔直径（D）之比$L/D=1\sim750$且$L\leqslant1500$mm，或者两端开孔负载的长度与孔直径之比$L/D=2\sim1500$且$L\leqslant3000$mm，而且不属于B类空腔负载。

②B类空腔负载：单端开孔负载的长度（L）与孔直径（D）之比$L/D=1\sim5$且$D\geqslant5$mm，或者两端开孔负载的长度与孔直径之比$L/D=2\sim10$且$D\geqslant5$mm。

（一）N型小型压力蒸汽灭菌器

N型小型压力蒸汽灭菌器是在我国医院中使用较早的一种灭菌器，在口腔科、眼科及手术室和基层医院的消毒供应中心使用较多。N型小型压力蒸汽灭菌器不带真空泵，其工作原理是利用重力置换，使热蒸汽在灭菌器中从上而下将冷空气由灭菌器底部排气孔排出，排出的冷空气由饱和蒸汽取代。其设备具有一定的局限性，如灭菌时间较长，没有干燥程序等。我国对N型的使用范围有明确的规定，主要应用于无包装裸露、无空腔负载物品的灭菌，A类空腔器械（如口腔科手机）不能用此型灭菌器灭菌。按照德国器械重复处理工作组（AKI）发布的关于牙科器械重复处理的实践指南中关于牙科器械灭菌的要求，N型通常不适用于需要灭菌物品的灭菌处理。由此可见，N型小型压力蒸汽灭菌器因其灭菌效果得不到保证，不宜用于手术器械、空腔器械及口腔科手机等器械的灭菌。

（二）B 型小型压力蒸汽灭菌器

B 型小型压力蒸汽灭菌器在医院应用较为广泛。B 型与 N 型小型压力蒸汽灭菌器的主要区别在于蒸汽置换的原理不同，因此灭菌效果和使用范围也不相同。B 型小型压力蒸汽灭菌器带真空泵，通过预真空的压力变化，达到饱和蒸汽与冷空气置换的效果。该类型灭菌器的灭菌周期分为两大类：一类是常规灭菌周期，其中包括橡胶类、器械类、敷料类、空腔类物品灭菌等多种应用；另一类是快速灭菌周期，通过删减或改变预真空及灭菌后干燥时间，达到快速灭菌的目的。值得注意的是，不同生产厂家的灭菌器，其快速灭菌周期设计方式的不同会对灭菌效果产生直接影响，因此在使用时应正确选择灭菌周期，慎用快速灭菌周期。

（三）S 型小型压力蒸汽灭菌器

S 型小型压力蒸汽灭菌器在医院使用的数量不多，通常采用主动蒸汽空气置换方式工作。以时代 5000 型为例，它是针对口腔科手机与内窥镜灭菌特别设计的、采用正压脉冲排气法的 S 型小型压力蒸汽灭菌器。美国印第安纳大学口腔微生物教授 Miller 博士对此种小型压力蒸汽灭菌器进行了测试，每件测试的手机器械内部至少要接种 100 万种嗜热芽孢杆菌，以达到小型压力蒸汽灭菌器的最大负荷。多项测试数据证明，该灭菌器在 134℃灭菌的半循环就能杀灭高浓度的嗜热脂肪芽孢杆菌。

经调查，配置小型压力蒸汽灭菌器的医院占调查总数的 50% 以上；N、B 和 S 类灭菌周期的小型压力蒸汽灭菌器在各级医院均有配置；N 类灭菌周期在手术室使用较多，占 36.37%，B 类灭菌周期在口腔科和微生物室使用较多，分别为 50.00% 和 29.73%，S 类灭菌周期在手术室和口腔科使用居多，分别为 37.50% 和 34.37%。

二、按照工作原理分类及适用范围

根据工作原理的不同，小型压力蒸汽灭菌器可分为下排气式、预真空式和正压脉动排气式。

（一）下排气式小型压力蒸汽灭菌器

下排气式小型压力蒸汽灭菌器利用重力置换的原理，使热蒸汽在灭菌器中从上而下，将冷空气由下排气孔排出，排出的冷空气由饱和蒸汽取代，利用蒸汽液化释放的潜热使物品达到灭菌的目的。该类型适用于耐高温高湿物品的灭菌，首选用于微生物培养物、液体、药品、实验室废物和无孔物品的处理，不能用于油类和粉剂的灭菌。图 1-1 所示的手提式小型压力蒸汽灭菌器，没有真空系统，是常见的一种下排气式小型压力蒸汽灭菌器。

（二）预真空式小型压力蒸汽灭菌器

预真空式小型压力蒸汽灭菌器（见图 1-2）利用机械抽真空的原理，使灭菌器内形成负压，蒸汽得以迅速穿透到物品内部，利用蒸汽液化释放的潜热使物品达到灭菌的目的。该类型适用管腔物品、多孔物品和纺织品等耐高温高湿物品的灭菌，不能用于液体、油类和粉剂的灭菌。台式小型压力蒸汽灭菌器，是常见的预真空小型压力蒸汽灭菌器。

图 1-1 手提式小型压力蒸汽灭菌器

图 1-2 预真空式小型压力蒸汽灭菌器

（三）正压脉动排气式小型压力蒸汽灭菌器

正压脉动排气式小型压力蒸汽灭菌器利用脉动蒸汽冲压置换的原理，在大气压以上，用饱和蒸汽反复交替冲压，通过压力差将冷空气排出，利用蒸汽液化释放的潜热使物品达到灭菌的目的。该类型适用于不含管腔的固体物品及特定管腔、多孔物品的灭菌。用于特定管腔、多孔物品灭菌时，须进行等同物品灭菌效果的检验；不能用于纺织品、医疗废物、液体、油类和粉剂的灭菌。图 1-3 所示的脉动真空小型压力蒸汽灭菌器，主要用于口腔科器具的清洗消毒。

图 1-3 脉动真空小型压力蒸汽灭菌器

无包装负载灭菌后应立即使用，或在无菌状态下储存、运输和应用。不同类型的灭菌周期，只能应用于指定类型物品的灭菌。因此，应根据灭菌负载的范围，正确选择小型压力蒸汽灭菌器的类型。

对于一个特定的负载，灭菌器类型的选择、灭菌周期的选择，以及媒介的提供具有特异性。因此，对特定负载的灭菌过程应通过验证。

第二节　小型压力蒸汽灭菌器的主要结构和原理

一、小型压力蒸汽灭菌器的主要结构

小型压力蒸汽灭菌器的结构（见图 1-4）一般由灭菌器主体、密封门、管路系统、指示控制系统及附件等部分组成。

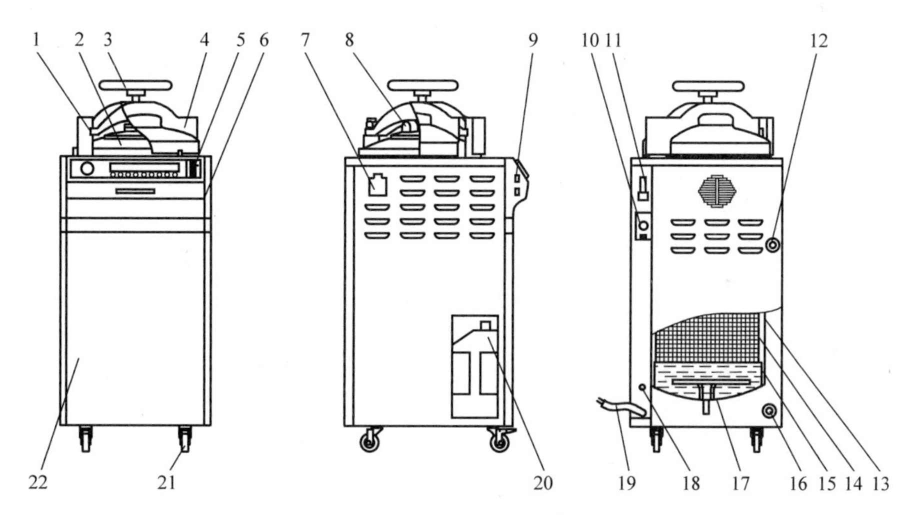

图 1-4　小型压力蒸汽灭菌器的结构

1—锁紧机构　2—容器盖　3—手轮　4—防烫罩　5—操作面板　6—电源开关　7—插座　8—自锁装置
9—485 接口　10—手动阀　11—安全阀　12—排汽口　13—容器筒　14—灭菌网篮　15—装载架
16—排水口　17—电加热器　18—熔断器　19—电源线　20—集气瓶　21—脚轮　22—箱体

（一）灭菌器主体

灭菌器主体是设备的重要承压元件，大部分为圆柱形。灭菌器主体主要包括腔体和密封门两个部分。

1. 腔体

腔体包括灭菌室、夹套及与腔体永久连接的相关部件。它主要采用不锈钢材质，并有保温材料层。

灭菌室指放置待灭菌物品的空间，设置有蒸汽入口和蒸汽排出口。根据灭菌器的类型不同，蒸汽入口位置略有不同。蒸汽排出口通常位于底部或两端。

夹套则是环绕焊接在灭菌室外表面的不锈钢结构，实现机械加固，对灭菌室起到保温的作用。目前使用的灭菌器的夹套主要采用强度比较高的环形加强筋结构。

腔体和夹套属于压力容器，安装、操作及维护保养应符合《特种设备安全监察条例》《压力容器安全技术监察规程》和 GB 150—2011《压力容器》的规定。

接触蒸汽的材料和装置，包括仪表，应满足以下要求：

1）能耐蒸汽和冷凝水的腐蚀。

2）不应导致蒸汽质量的降低。

3）不应产生能够导致环境或健康恶化的物质。

2. 密封门

密封门与主体通过密封圈进行密封。密封门如图 1-5 所示，密封圈如图 1-6 所示。密封圈通常采用特殊配方的硅橡胶材料，以有效地保证其在高温环境下的稳定性及可靠性。

图 1-5　密封门

图 1-6　密封圈

密封门结构分为手动门结构和自动门结构，并安装安全联锁装置，具备报警功能。灭菌器在工作条件下，密封门未锁紧时，蒸汽不能进入灭菌器内室。灭菌室压力完全被释放才能打开门，否则不能打开，并报警。安全联锁装置应保证灭菌器运行中的密封门不能被打开。

压力容器安全联锁装置应符合《压力容器安全技术监察规程》第 49 条和第 140 条规定。在灭菌周期启动之前，密封门应关闭后联锁装置未锁定，密封门应可重复关闭和开启。只有密封门关闭到位，灭菌器才能启动运行，在运行过程中灭菌器的密封门应打不开。在周期运行开始后，如发生故障和故障指示时，灭菌室内压力未完全释放，联锁装置应锁定，灭菌器的密封门打不开，并进行同步故障报警。

（二）管路系统

管路系统主要包括管路、阀门、过滤器、真空泵、热交换器、指示仪表和传感器等。

1. 管路

（1）进蒸汽管路　与蒸汽源直接相连，将蒸汽送至灭菌室或夹套。

（2）蒸汽疏水管路　将蒸汽冷凝水排出的管道。

（3）灭菌室排放管路　灭菌室排放管路是灭菌室内气体及冷凝水排出外部的通道。通常在设备排放口处安装温度传感器，作为程序的温度控制点。

（4）给水管路　向灭菌器提供冷却水，应在进水管路上安装单向阀。

（5）空气管路　将灭菌室和大气相连。当进行干燥程序时，通过空气管路向灭菌室导入过滤后的洁净空气，使灭菌室的压力与外界大气压平衡。

（6）自动门与灭菌室密封管路　使用蒸汽或压缩空气，实现自动门与灭菌室的密封。

2. 阀门

（1）安全阀　安全阀（见图 1-7）是一种超压防护装置，是压力容器中最为普遍的安全附件之一。其功能是当容器的压力超过某一规定值时，自动开启迅速排放容器内的压力，并发出声响，警告操作人员采取降压措施。当压力恢复到允许值后，安全阀又自动关闭，使压力容器始终低于允许范围的上限，防止超压酿成爆炸事故，保证压力容器的安全使用。

图 1-7　安全阀

安全阀应符合《压力容器安全技术监察规程》第 145 条、146 条的规定。安全阀开启时，灭菌室内压力应不大于设计压力，安全阀的排放能力必须大于或等于灭菌器的安全泄放量。应定期进行检验，每年至少一次。

（2）疏水阀　疏水阀（见图 1-8）安装于灭菌器夹层、灭菌室疏水管路处，用于排出冷凝水，但不会使蒸汽外溢。疏水阀应符合 YY/T 0159—2005《压力蒸汽灭菌设备用疏水阀》的规定。

（3）气动阀　根据功能可分为进汽阀、排汽阀及空气阀。用于控制进汽、排汽和空气注入等。灭菌器若装有减压阀，减压阀应符合 GB/T 12244—2006《减压阀一般要求》的规定。空气泄漏时，压力上升率不应超过 0.13kPa/min。

（4）电磁阀　用于控制冷却水和压缩空气的供应。

图 1-8　疏水阀

3. 过滤器

灭菌器的过滤器（见图 1-9）包括蒸汽过滤器、水过滤器及空气过滤器等。

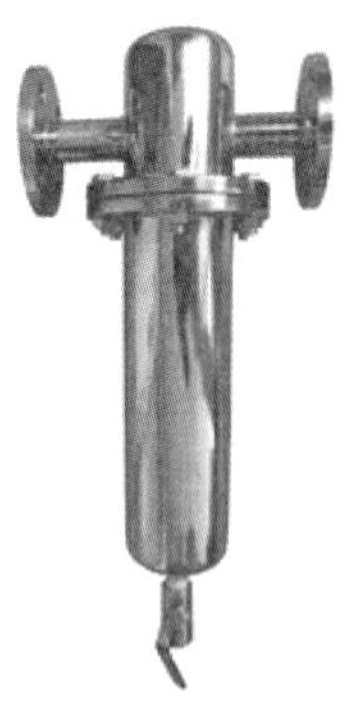

a) 蒸汽过滤器

b) 水过滤器

c) 空气过滤器

图 1-9　灭菌器的过滤器

（1）蒸汽过滤器　蒸汽过滤器包括供汽管路过滤器和排汽管路过滤器。供汽管路过滤器可滤除蒸汽源中携带的颗粒杂质，防止这些杂质进入减压阀、灭菌室及夹层。排汽管路过滤器可滤除蒸汽和空气中携带的颗粒及絮状杂质等，防止杂质进入真空泵、热交换器。

（2）水过滤器　水过滤器主要安装在冷却水供给的管路上。用于滤除水中的杂质，避免杂质进入真空泵、热交换器。

（3）空气过滤器　空气过滤器安装于空气管路上。在灭菌周期的压力平衡阶段，空气经过滤器滤过净化后，导入灭菌室，平衡室内与外界的压力。可防止已灭菌的物品受到污染。在真空干燥阶段后，空气应通过过滤器进入灭菌室，以使灭菌室压力达到大气压力。过滤器对直径 0.3μm 以上微粒的滤除效果不低于 99.5%。过滤器应防止任何能削弱其正常功能的影响，过滤器及部件应易于安装。过滤器应由抗腐蚀和耐生物降解的材料制造，过滤器的结构应最大限度地保护过滤材料。

4. 真空泵

真空泵是用于灭菌室形成真空的设备，通常为水环式真空泵（见图 1-10）。工作时通过给水管路连接外部水源，不断将水送至真空泵。用水温度越低，达到的极限真空度就越高。

真空系统用于空气排出和干燥，制造商应确保满足标准要求所需最低真空度。为了满足负载干燥要求，一般采用不大于 4kPa 的真空系统。

5. 热交换器

热交换器主要用于灭菌室排出蒸汽的冷凝，可分为板式热交换器（见图 1-11）及管式热交换器。蒸汽从换热管中通过，冷却水从换热管周围通过，经热交换，蒸汽冷却后排出。

图 1-10 水环式真空泵

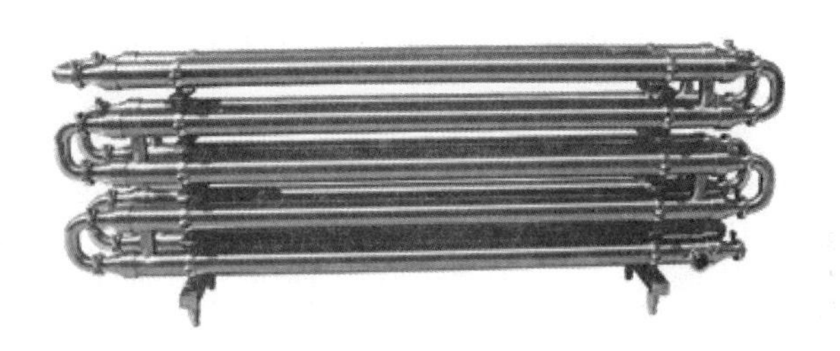

图 1-11 板式热交换器

6. 指示仪表

灭菌器的指示仪表有压力表和温度表，部分产品将两者结合在一起（见图 1-12），用于在灭菌过程中显示压力值和温度值。

图 1-12 指示仪表

小型压力蒸汽灭菌器的压力表可分为蒸汽压力表、压缩空气压力表和水压力表。压力表的准确度直接影响压力容器的安全。蒸汽压力表失灵或损坏，设备不应使用和运行。

蒸汽管路应安装蒸汽源压力表，灭菌设备上应安装灭菌器夹套压力表及灭菌室压力表，分别用于显示蒸汽源压力、灭菌器夹套及灭菌室的压力。压缩空气管路和冷却水管路上，还应安装压力表。

压力表一般为数字式或模拟式仪表，压力单位为 kPa 或 MPa。当灭菌周期包含真空阶段，压力表数值范围为 0kPa 到 1.3 倍的最大允许工作压力或 −100kPa 到 1.3 倍的最大允许工作压力，所给的压力值为绝对压力值；当灭菌周期不包含真空阶段，压力表数值范围为 100kPa 到 1.3 倍的最大允许工作压力或 0kPa 到 1.3 倍的最大允许工作压力，所给的压力值为绝对压力值。在数值范围内，精度至少为 ±5kPa。模拟式仪表，刻度分度值不大于 20kPa；数字式仪表分辨力为 1kPa 或更好。当用于控制功能时，应有传感器故障保护功能。数值范围内，周围环境温度的误差补偿不大于 0.04%/℃。灭菌室压力仪表需要调整时，使用辅助工具可进行现场调节。

若灭菌器具有夹套压力表，其数值范围为 100kPa 到 1.3 倍的最大允许工作压力或 0kPa 到 1.3 倍的最大允许工作压力，所给的压力值为绝对压力值；在数值范围内，精度至少为 ±10kPa。模拟式仪表，刻度分度值不大于 20kPa；数字式仪表分辨力为 10kPa 或更好。

温度表一般为数字式或模拟式仪表，温度单位为摄氏度（℃），数值范围应包含 50℃ ~ 150℃，精度至少为 ±2℃。对于数字式仪表，其分辨力一般为 0.1℃。当用于控制功能时，应有传感器故障保护功能。在温度数值范围内，环境温度误差补偿不大于 0.04℃/℃。在不拆分仪表的情况下，使用辅助工具可进行现场调解。检测水温的响应时间 τ 为 0.9s（<5s）。

所有仪表和指示装置应固定在操作者正常操作灭菌器易于观察的位置，而且其功能被清晰标记。

7. 传感器

（1）温度传感器　温度传感器（见图 1-13）通常采用热敏电阻，能测量温度值，并转换成可输出的电信号。灭菌器应至少提供两路独立温度传感器，其中打印记录系统应有独立的传感器。

（2）压力传感器　压力传感器（见图 1-14）是能测量压力值，并将压力信号转换成可输出电信号的装置。用于对灭菌过程中监测点的压力进行监测控制。

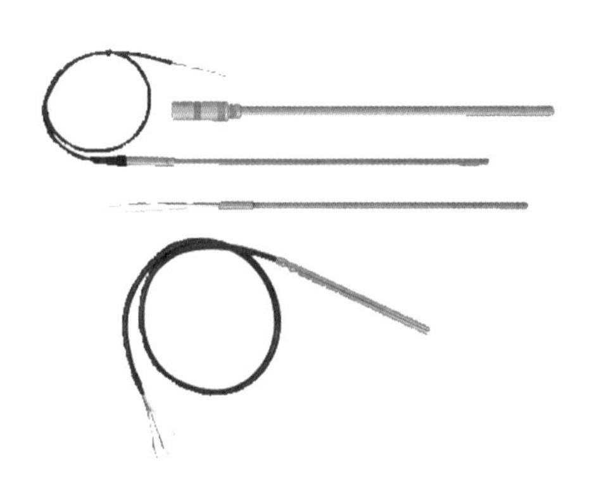

图 1-13　温度传感器

（三）指示控制系统

1. 指示系统

灭菌器除了装有指示仪表之外，装载侧的指示装置应至少显示如下信息：

图 1-14 压力传感器

（1）单门灭菌器　显示信息应包含：门已紧锁、运行中、故障、周期结束、所选择程序及其类型、灭菌周期计数。当门打开时，周期结束，指示状态应消失。

（2）声信号　声信号应清脆响亮，声信号时间应最长为30s，可以随时被消除。

（3）周期计数器　周期计数器应指示运行过的总周期次数，至少有 4 位数字显示，每位数字应显示为 0 ~ 9。周期计数值不得被使用人员或操作者复位或改变。

（4）空气泄漏指示　如果灭菌器通过真空阶段来排出空气，灭菌器应有自动空气泄漏试验程序。试验过程在两个压力之间进行，其中一个压力应低于或等于低工作压力。当空气压力泄漏超过 0.13kPa/min，应有故障指示。

（5）记录装置　灭菌器应装配记录装置，记录装置可以是数字式或模拟式的。所有灭菌过程中的数据都应记录下来，记录至少保存 12 个月。模拟式记录装置温度和压力应记录在同一张表格上，压力和温度的刻度要配合一致。数字式记录装置不是所有的采样数据都要在数字式记录装置上打印，但打印内容至少包括图 1-15 和表 1-2 中的信息。

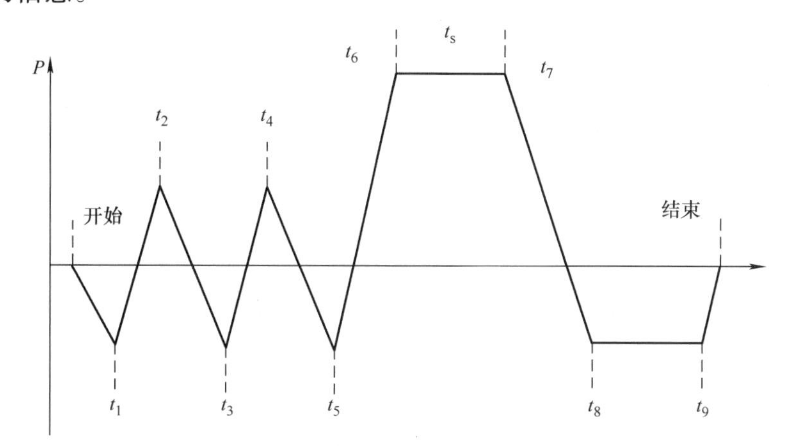

图 1-15 灭菌周期样图（仅作为示例）

注：t_1、t_3、t_5 为真空脉动时间；t_2、t_4 为压力脉动时间；t_6 为灭菌开始时间；t_s 为维持时间；t_7 为灭菌周期结束时间；t_8 为干燥开始时间；t_9 为干燥结束时间。

表 1-2　记录的数据与限定值

程序步骤	时间	温度（测量值）	压力（测量值）	灭菌程序类型[③]	周期号	数据与灭菌器识别号码
开始	√	—	—	√	√	√
t_1、t_3、t_5	√	—	√[②]	—	—	—
t_2、t_4	√	—	√[②]	—	—	—
t_6	√	√	√	—	—	—
t_s	√[①]	√[④]	√[④]	—	—	—
t_7	√	√	√	—	—	—
t_8	√	—	√	—	—	—
t_9	√	—	√	—	—	—
结束	√	—	—	—	—	—

注：√表示为要打印的数据，—表示为不需要打印的数据。
① 选择项。
② 达到最大或最小。
③ 如果灭菌器具有不同的灭菌周期。
④ 维持时间内的压力与温度最高与最低值都要打印出来，除非这些数据不是根据评估系统得到的。

模拟式记录装置的时间刻度不少于 4mm/min，标记的时间单位为秒（s）、分（min）或其他。不大于 5min 的时间范围内，时间误差应小于 ±2.5%；5min 以上的时间范围内，时间误差应小于 ±1%。

模拟式记录装置的图表中温度数据的单位为摄氏度（℃），刻度分度值应不大于 2℃，数值范围应包含 50℃～150℃，精度应至少为 ±1%。分辨力为 1℃或者更好，灭菌温度记录调整范围应不大于 ±1℃。每条采样通道每 2.5s 至少采样 / 打印一次。

模拟式记录装置的图表中压力数据的单位为 kPa 或 MPa，数值范围应包含 0kPa～400kPa 或 −100kPa～300kPa，精度应至少为 ±1.6%。灭菌周期没有真空阶段，数值范围应至少包含 0kPa～400kPa，精度应至少为 ±1.6%。压力的数值划分应不大于 20kPa，分辨力为 5kPa 或更好。测量工作压力时，精度至少应为 ±5kPa。每条采样通道每 2.5s 至少采样 / 打印一次。

数字式记录装置的温度部分可记录文字或符号，数据的记录表示为文本或图形，记录纸张的宽度为每行至少 15 个字符。数值范围应包含 50℃～150℃，精度应至少为 ±1%。分辨力为 0.1℃或者更好，灭菌温度记录调整范围应不大于 ±1℃。每条采样通道每 2.5s 至少采样一次。

数字式记录装置的压力部分可记录文字或符号，数据的记录表示为文本或图形，记录纸张的宽度为每行至少 15 个字符。数值范围应包含 0kPa ~ 400kPa 或 −100kPa ~ 300kPa，精度不应超过 ±1.6%。灭菌周期没有真空阶段，数值范围应包含至少为 0kPa ~ 400kPa，精度应至少为 ±1.6%。工作压力调节误差应不大于 ±5kPa，分辨力应不大于 1kPa。每条采样通道每 2.5s 至少采样一次。

2. 控制系统

在灭菌过程中可以进行压力控制或温度控制，灭菌器的自动控制器能够编程预置灭菌周期各阶段的参数，能够监控指定的预置周期参数。如果灭菌器设计为灭菌结束后，灭菌室内仍有余水，那么当“周期结束”指示出现时应保证开门时水不再沸腾。在安全条件下，当灭菌周期中断时，应显示故障。通过观察灭菌指示物和阅读记录结果或通过自动的过程评估系统评定灭菌周期的性能。

灭菌周期的变量至少包括真空到蒸汽压力脉动状态转折点的灭菌压力和温度，以及灭菌周期对应的维持时间，当灭菌周期的数值变化超过规定范围或介质供应原因导致不能完全达到规定的变化时，自动控制器不应导致危险且可以提供故障指示（灭菌周期阶段指示和声音报警）。如果灭菌器装有记录过程参数的打印机，故障指示应被打印出来。当给出故障指示后，自动控制器应允许灭菌周期在不导致危险情况下被终止，需要使用权限控制工具才能复位灭菌器。

灭菌器控制系统（见图 1-16）通常由 PLC 控制器、数字量输入和输出模块、模拟量输入模块、打印机、触摸屏及操作面板等组成。

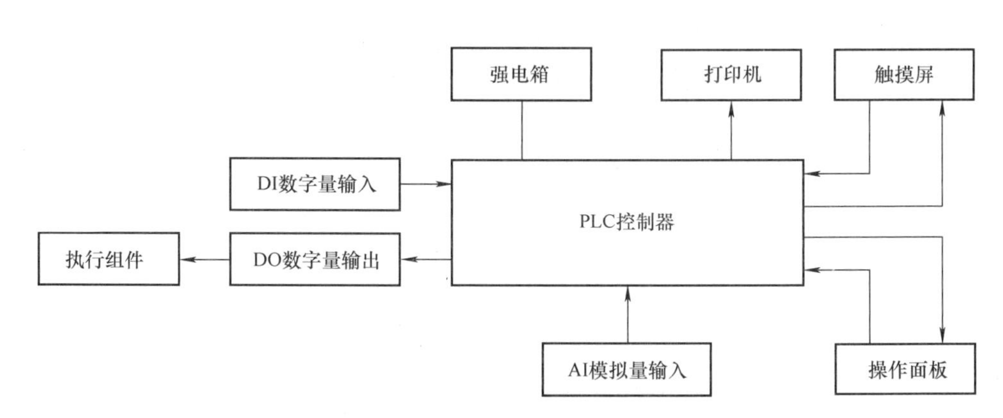

图 1-16 灭菌器控制系统

图 1-16 中各部分内容说明如下：

1）PLC 控制器为设备核心处理器，可控制灭菌程序流程的进行。

2）DI 数字量输入模块将外界检测组件信号传递给控制器。

3）DO 数字量输出模块将控制器输出的控制信号传递给执行组件。

4）AI 模拟量输入模块将外界传感器采集的模拟量信号传递给控制器。

5）打印机记录程序循环过程中所有的数据。

6）触摸屏主要是对灭菌器的输入输出进行操作。

3. 控制面板

灭菌器的控制面板也称控制界面。对于程控型的灭菌器，其指示控制系统一般集成为控制面板，以方便操作观察。

下面以 LDZF 系列立式小型压力蒸汽灭菌器的控制面板（见图 1-17）为例，来进行说明。

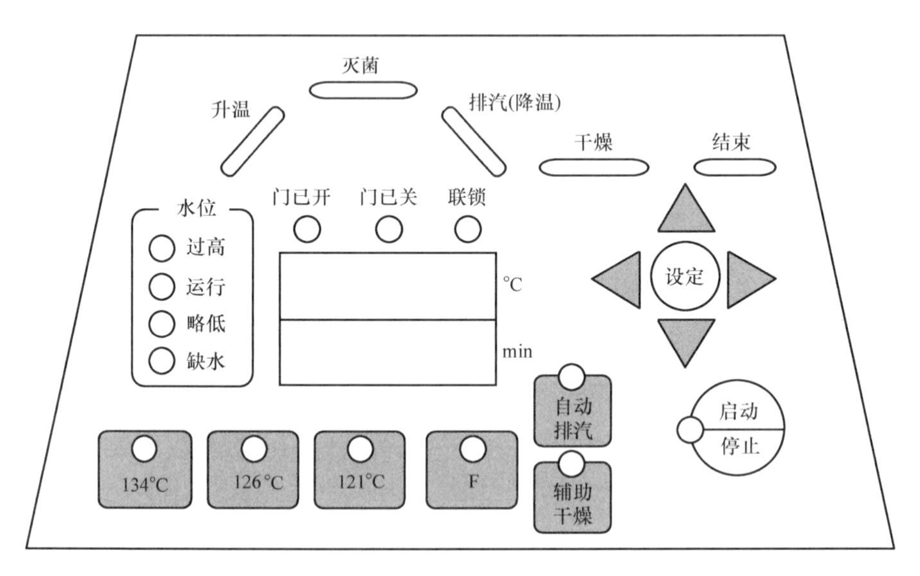

图 1-17 控制面板

（1）温度显示部分　显示灭菌器室内温度，为 8 位 LED 显示器，显示范围：0℃ ~ 200℃，显示分辨力为 0.1℃，基本误差为 ±1%。

（2）时间显示部分　显示灭菌器灭菌时间，为 8 位 LED 显示器，显示范围：0min ~ 9999min。

（3）升温灯　当进入灭菌周期时，升温灯闪烁，进入灭菌时段该灯熄灭。

（4）灭菌灯　当进入灭菌时段，灭菌灯闪烁，进入降温时段该灯熄灭。

（5）排汽（降温）灯　当进入排汽（降温）时段，排汽（降温）灯闪烁，进入干燥时段该灯熄灭。

（6）干燥灯　当进入干燥时段（当选择干燥时），干燥灯闪烁，进入结束时段该灯熄灭。

（7）结束灯　当进入结束时段，结束灯闪烁，直至门（盖）开启该灯熄灭。

（8）水位灯　水位处于不同位置，对应的指示灯亮（水位过高，“过高”水位灯亮，会提示报警，应将水位降至标准水位）。

（9）门（盖）已开　门（盖）打开时，该灯亮。

（10）门（盖）已关　门（盖）关闭时，该灯亮。

（11）联锁灯　当灭菌器门（盖）闭合到位时，该灯亮。

（12）显示窗　显示灭菌（干燥）温度与时间，同时相应的灯亮，结束时显示“End”。

（13）“F”键　安全阀测试键，按“F”键将温度设置大于138℃（压力为0.24MPa）。当达到设置温度和压力时，安全阀应起跳；如不能起跳，应立即更换合格安全阀。

（14）快捷程序设定键　通过按下121℃、126℃、134℃键，可直接进入按照国家相关技术标准设定的灭菌程序，按键后灭菌程序开启，相应的灯亮。

（15）设定键　按上下左右键进行参数选择和参数修改，按设定键进行确认。

（16）启动/停止键　当门（盖）闭合，设定完灭菌程序后，按下启动键，灭菌器开始升温运行。当灭菌器室内温度低于90℃时，可长按此按键3s以上，灭菌器停止工作，安全联锁解锁。

4. 过程评估系统（若配置）

与已经确认的程序进行比较，对于压力和温度的变化以及变化发生的程序阶段，任何变化超出设定范围时给出故障提示。比较任意两个独立的温度传感器，例如灭菌室温度指示和温度记录的传感器，或在维持时间内，比较理论蒸汽温度和灭菌室温度。其温度、压力测量系统精度不低于灭菌室温度、压力指示仪表，时间测量系统精度至少为 ±1%。若出现问题，则给出故障提示。

（四）蒸汽发生器

1. 蒸汽发生器结构

蒸汽发生器一般由蒸发器容器、玻璃液位计、电热管、液位计探针及液位计桶组成，如图1-18所示。

2. 工作原理

蒸汽发生器是利用电或蒸汽作为加热源，将纯净水进行加热产生蒸汽的装置。

蒸汽发生器属于压力容器，其安装、使用及维护保养应符合《特种设备安全监察条例》《压力容器安全监察条例》等规定，配套的安全阀、压力表等安全附件，也应定期进行检验。

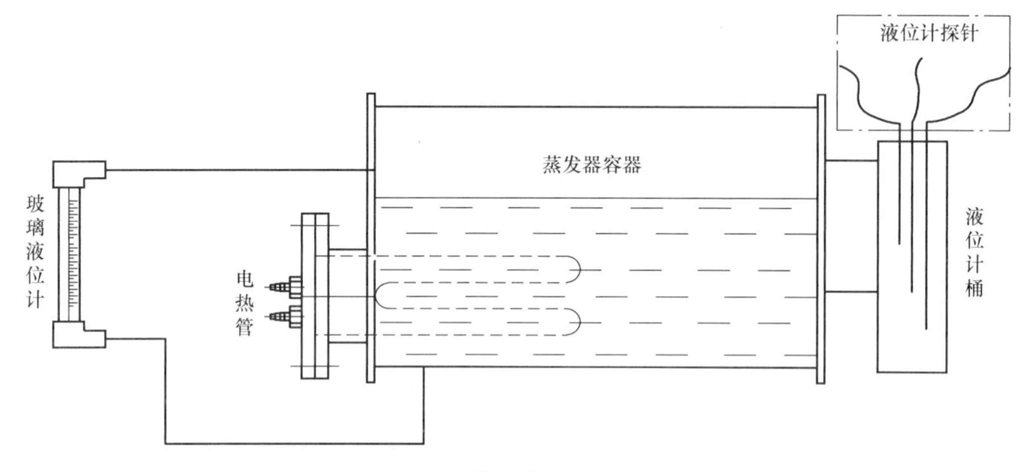

图 1-18 蒸汽发生器的结构

（五）附件

1. 水箱（若配置）

灭菌器自带的内置水箱和外置水箱，是盛放灭菌器蒸汽供给水的容器。灭菌前应检查评估水箱内水量，并定期清洁。

水箱和相关的管道应配有排空水箱的阀门或其他装置。水箱的水量应保证足够运行一个完整的灭菌周期，或连续带负载运行具有最大蒸汽耗量的工作周期。水箱应设计有通风口，而且易于清洁、检查和加水。灭菌器显示水箱中水量是否足够运行一个工作周期，水箱水源不充足时灭菌器应不能开始运行或有故障报警。水箱中的水禁止向灭菌室回流。

2. 排水口

排水口是将灭菌器内部的水向外部排出，排出水的温度应不超过 100℃，排水管不宜和其他的排放管相连，防止形成压力，阻碍排水。

3. 装载装置

灭菌室应配备装载装置。该装置应能存放灭菌物品，携带灭菌物品进出灭菌室。装载装置应外形端正，表面光滑，不应有划伤、毛刺等缺陷。装载装置包括支架和托盘，每个托盘底部应有孔。如果有盖子，每个盖子都应有孔，每个托盘在灭菌室内抽出一半时应能够支撑。每个托盘应移动自由，不应有积水残留，底面与支撑面之间应不大于 5mm。每个托盘的打孔面积应不小于被打孔整个表面的 10%。打孔均匀，每个孔的面积不小于 $20mm^2$。托盘在灭菌室时，不能阻塞蒸汽穿透。

4. 测试接口

灭菌器至少应装配一个标准的测试接口用于测量其性能。测试接口应为 G1/4in（1in=25.4mm）螺纹或其他适合的连接方式。测试接口应处于容易接通灭菌室的位置，应被清楚标记，蒸汽入口、真空端和管道不能作为测试接口。

5. 压缩空气装置（若配置）

压缩空气装置可将空气压缩供灭菌器使用，灭菌器使用的压缩空气应经过 25μm 过滤器滤水、2μm 过滤器滤油。

6. 电源

为灭菌器供电的电源插头，还应具有接地端口及熔断器。电源电压一般为：交流 220V ± 22V，50Hz ± 1Hz。为了确保人身、设备的安全，须敷设一根地线，控制电缆中一根标有接地符号“地”的必须与地线可靠连接，所设管路和线路应横平竖直并有效固定。断路器应当符合 GB 14048.1 和 GB 14048.3 的要求。开关安装应尽量靠近灭菌器，并安装于操作人员易于操作的位置。

7. 把手与脚轮（若配置）

可移动式的小型压力蒸汽灭菌器还具有方便搬运的把手，以及便于移动的脚轮。安装固定后，脚轮具有锁紧功能，可防止设备滑动。

8. 打印机（若配置）

灭菌器具有打印机或打印机接口及通信接口，用于打印和传输灭菌过程的相关参数。

二、小型压力蒸汽灭菌器的工作原理

小型压力蒸汽灭菌器是利用饱和压力蒸汽对物品迅速而可靠地消毒灭菌的设备。由于在密闭的蒸锅内蒸汽不能外溢，随着压力不断上升，水的沸点也会不断提高，从而锅内温度也随之升高，其利用高温饱和蒸汽在一定时间内可使微生物的蛋白质变性，导致微生物死亡的原理，达到对耐湿耐热物品进行灭菌的目的。采用小型压力蒸汽灭菌器可对医疗器械、玻璃器皿、溶液培养基、敷料等进行消毒灭菌。

根据 WS 310.2—2016《医院消毒供应中心 第 2 部分：清洗消毒及灭菌技术操作规范》，小型压力蒸汽灭菌器的灭菌参数见表 1-3。

表 1-3　小型压力蒸汽灭菌器的灭菌参数

设备类别	物品类别	灭菌设定温度 /℃	最短灭菌时间 /min	压力参考范围 /kPa
下排气式	敷料	121	30	102.8 ～122.9
	器械		20	
预真空式	器械、敷料	132	4	184.4 ～210.7
		134		201.7 ～229.3

（一）不同类型的小型压力蒸汽灭菌器的工作原理

不同类型的小型压力蒸汽灭菌器的排气方式不同。

1. 下排气式小型压力蒸汽灭菌器

下排气式小型压力蒸汽灭菌器（见图 1-19）利用重力置换的原理，使热蒸汽在灭菌器中从上而下，将冷空气由下排气孔排出，排出的冷空气由饱和蒸汽取代，利用蒸汽汽化释放的潜热使物品达到灭菌的目的。该灭菌器适用于耐高温高湿物品的灭菌，适用于微生物培养物、液体、药品、实验室废物和无孔物品的处理，不能用于油类和粉剂的灭菌。

2. 预排气式小型压力蒸汽灭菌器

预排气式小型压力蒸汽灭菌器（见图 1-20）利用机械抽真空的原理，使灭菌器内形成负压，蒸汽得以迅速穿透到物品内部，利用蒸汽液化释放的潜热使物品灭菌。该灭菌器适用于管腔物品、多孔物品和纺织品等耐高温高湿物品的灭菌，不能用于液体、油类和粉剂的灭菌。

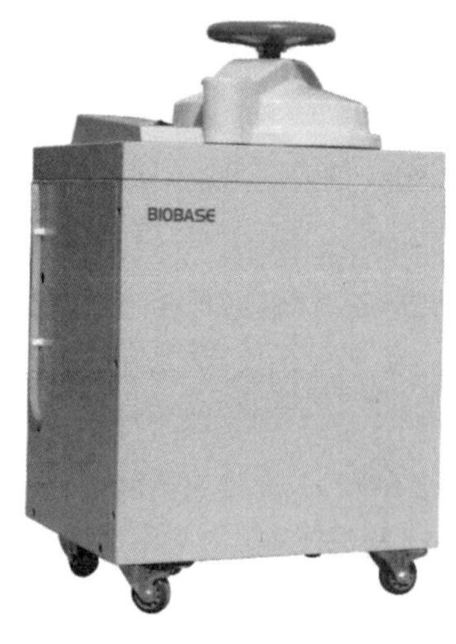

图 1-19　下排气式小型压力蒸汽灭菌器

图 1-20　预排气式小型压力蒸汽灭菌器

3. 正压脉动排气式小型压力蒸汽灭菌器

正压脉动排气式小型压力蒸汽灭菌器（见图 1-21）利用脉动蒸汽冲压置换的原理，在大气压以上，用饱和蒸汽反复交替冲压，通过压力差将冷空气排出，利用蒸汽液化释放的潜热使物品灭菌。该灭菌器适用于不含管腔的固体物品及特定管腔、多孔物品的灭菌。用于特定管腔、多孔物品灭菌时，应进行等同物品灭菌效果的检验。该灭菌器不能用于纺织品、医疗废物、液体、油类和粉剂的灭菌。

图 1-21　正压脉动排气式小型压力蒸汽灭菌器

（二）小型压力蒸汽灭菌器对微生物的灭菌机理

灭菌是指杀灭或清除传播媒介上的诸如病毒、细菌和芽孢等一切微生物的处理。灭菌是一个绝对的概念，要求杀灭所有微生物，包括致病菌和非致病菌。但在实际工作中，要把污染的微生物完全杀灭是不可能的，因此要求达到一定的灭菌概率 10^{-a}，在医学灭菌中一般要求达到 10^{-6}，即灭菌后微生物的存活率要低于百万分之一，以保证灭菌效果。根据国家卫生健康委员会颁布的《医疗机构消毒技术规范》中的要求，对使用过的手术器械包，除部分不耐高温的，一般采用压力蒸汽灭菌的方法进行灭菌处理。

小型压力蒸汽灭菌器属于湿热灭菌法。无论哪类小型压力蒸汽灭菌器，都是利用湿热的饱和蒸汽在灭菌室内与微生物充分接触。当饱和蒸汽冷凝时，释放出大量的潜热使灭菌物品的温度升高。此时微生物体内的蛋白质分子热运动加快，分子之间相互撞击的概率增加，导致联结肽链副键断裂，使得分子原本有规律的紧密结构变为无序的漫散结构，大量疏水基暴露在分子表面，互相结合成较大的聚合体，从而使蛋白质凝固和沉淀，微生物因其蛋白质、核酸、细胞壁和细胞膜被破坏而被杀灭。

（三）小型压力蒸汽灭菌器的灭菌工作流程

1. 正压脉动真空灭菌器灭菌工作流程

以自带蒸汽发生器的 HS6620 型灭菌器为例说明其灭菌的工作程序，所涉及的压力值均为绝对压力值。

当灭菌器接通电源开机后，控制电路首先检测蒸汽发生器水位是否正常。如果水位正常，则启动蒸汽发生器制造蒸汽。当蒸汽超过一定压力（290kPa）时，压力开关会关掉部分加热丝；当蒸汽压力不足（260kPa）时关掉的部分加热丝又重新启动。压力开关的反复开合使蒸汽发生器内压力在一定范围内达到动态平衡。与此同时，夹套蒸汽阀打开，蒸汽通过管路源源不断被输送到夹套中，使夹套中的温度和压力不断升高。当夹套内温度和压力都接近灭菌温度和压力时，把 B-D 测试包或手术器材包放入灭菌室腔体并关闭腔门。控制电路在检测到腔门关闭后，打开腔门蒸汽管路，高压蒸汽进入腔门管路后便把密封圈顶在腔门上，将腔门与灭菌室腔体密封形成密闭容器。

在完成以上准备工作后，进入灭菌过程。

第一步：负脉冲阶段。所谓负脉冲，即使灭菌室内压力从接近标准大气压（100kPa）抽至接近真空。这一阶段控制电路启动水环真空泵，通过灭菌室腔体底部的冷凝水排放口把腔体抽至接近真空（15kPa），接着控制灭菌室蒸汽阀打开，使蒸汽进入其中。当灭菌室内压力达到 80kPa 左右时，真空泵再次启动将其抽至接近真空。如此反复抽放三次可基本抽空灭菌室内原有的空气，降低其不冷凝气体含量，提高灭菌效果。从灭菌室腔体排出的冷凝水温度较高，必须经过热交换器由冷却水冷却后方可进入真空泵，否则将在真空泵形成气穴，影响真空泵的工作寿命。此阶段后，冷空气的体积分数将不超过 0.33%。

第二步：正脉冲阶段。这一阶段初始状态即是负脉冲阶段的终末状态：灭菌室腔内充满了蒸汽，压力恢复到 100kPa 左右。灭菌室蒸汽阀持续打开直到腔内压力上升至 185kPa 左右，接着水环真空泵启动抽取灭菌室内蒸汽，直至压力降到 120kPa 左右停止；此时灭菌室蒸汽阀再次打开进蒸汽到 185kPa，此后再抽至 120kPa，如此反复抽放五次。这一阶段的目的一方面是进一步去除灭菌腔内残余的空气及其他不冷凝气体，另一方面是为了使腔内物品受热更加均匀。

第三步：灭菌阶段。经过正脉冲阶段后，蒸汽持续进入灭菌室腔体，腔内压力和温度同时上升，完成预设的程序，在 121℃处保持 16min 或者在 134℃保持 4min 的灭菌时间。在此过程中，腔中蒸汽不断放热并凝结成水，高温高压的蒸汽通过灭菌室蒸汽阀补充进去，以维持腔内温度和压力，包括芽孢在内的所有菌体将被杀灭。

第四步：后处理阶段。该阶段灭菌室内蒸汽排放，水环真空泵启动把灭菌室腔压力抽至 10kPa 左右，附着在器械包上的水分因压力和沸点降低而蒸发成蒸汽，器械包得到充分的干燥。真空泵停止工作后，空气阀打开，外界空气经过无菌空气过滤后通过该阀进入灭菌室腔体，使腔体压力与外界压力平衡，到此整个灭菌过程完毕，可以打开腔门。

脉动真空灭菌工作流程如图 1-22 所示。

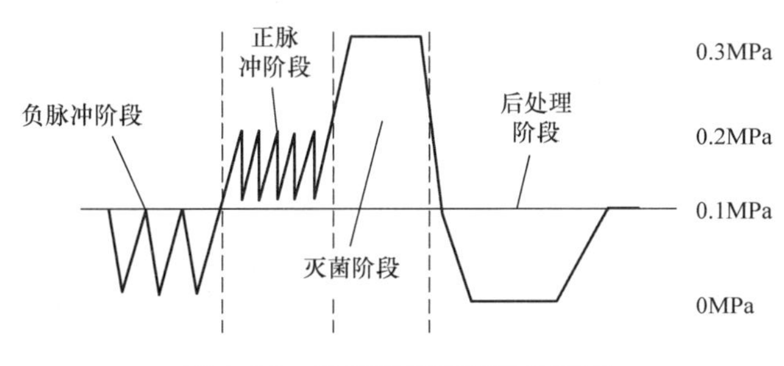

图 1-22　脉动真空灭菌工作流程

2. 预真空灭菌器灭菌工作流程

预真空灭菌工作流程如图 1-23 所示。

（1）预热期　通入蒸汽进行预热。

（2）预真空　利用真空泵将灭菌室内抽到 −80kPa 的负压，然后再通入适量蒸汽直到气压达到 49kPa，循环三次。

（3）灭菌期　继续通入高温蒸汽，让灭菌室的温度和压力分别达到 121℃、110kPa 或者 134℃、210kPa，保温保压 18min 或 4min。

（4）排气期　开启真空泵排气。

（5）干燥期　真空泵和加热圈同时工作，进行抽真空和干燥，并持续一段时间。

（6）平衡期　空气经过过滤器进入灭菌室，待室内压力为零时，灭菌过程结束。

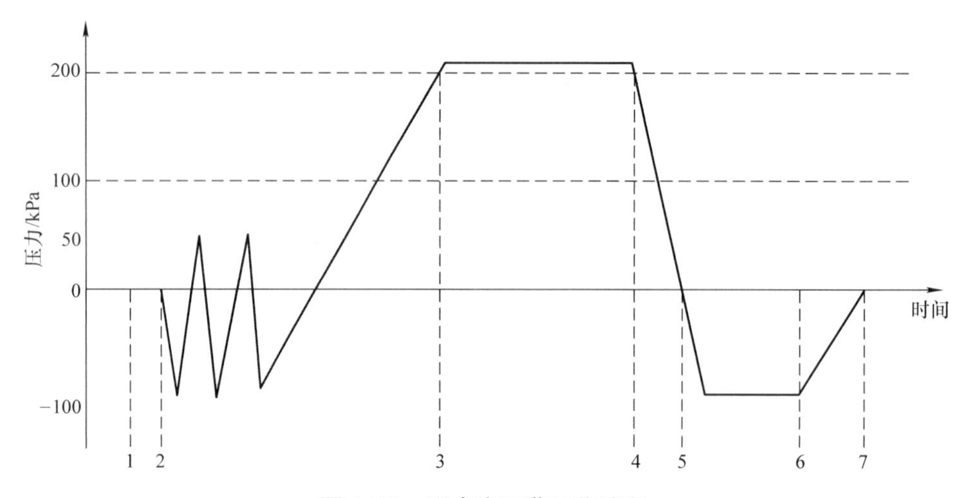

图 1-23　预真空灭菌工作流程

1~2—预热期　2~3—真空期　3~4—灭菌期　4~5—排气期　5~6—干燥期　6~7—平衡期

第二章 Chapter

小型压力蒸汽灭菌器的设备管理 2

第一节 小型压力蒸汽灭菌器的设备管理规则

为加强医院小型压力蒸汽灭菌容器的安全监管，防止和减少事故，保障医院工作人员和患者生命财产安全，特制定以下设备管理规则。

1）临床科室需要灭菌的物品应按照国家行业规范要求统一送消毒供应中心集中处理，各科室原则上不配置小型压力蒸汽灭菌器。

2）小型压力蒸汽灭菌器的购置应符合正规采购程序，由医学工程科负责设备安装、使用前的性能测试和操作人员培训。未经医学工程科同意，严禁产品在临床科室试用。

3）小型压力蒸汽灭菌器可用于临时术中器械的灭菌、牙科手机的灭菌，以及特殊、精细手术器械的灭菌，不用于常规物品的灭菌。

4）医学工程科对新购置的小型压力蒸汽灭菌器必须标明灭菌器类型、灭菌负载范围和灭菌周期，并将操作说明复印、塑封后悬挂于容器上。

5）医学工程科应负责小型压力蒸汽灭菌器的日常维护，每季度应对安全附件、安全保护装置、测量调控装置及附属仪器、仪表，以及容器内部形状、密闭性等进行定期校验、检修，并做好记录。

6）感染控制科应结合国家规范或行业标准及时组织科室人员进行相关理论学习，确保操作者了解和掌握规范要求；每季度负责对小型压力蒸汽灭菌器的灭菌质量结果进行1次抽样检查。

7）消毒供应中心应负责对使用中的小型压力蒸汽灭菌器的操作方法进行指导、培训；负责对临床科室自行处理的物品的清洗、包装、灭菌、储存，以及灭菌器的灭菌周期进行过程监控（至少一个灭菌周期），每季度1次；负责提供灭菌器的灭菌质量监测所需的物品或材料；负责生物监测指示剂的培养、判断，并将结果填写于“压力蒸汽灭菌生物监测报告单”上，然后将其交送检科室存档。

8）科室应建立小型压力蒸汽灭菌器的培训考核制度。操作员必须经过专业培训，持证上岗；必须掌握小型压力蒸汽灭菌器的基本构造、性能、操作规程及维护保养知识；操作者应固定，操作中应严格遵守操作规程，不得擅自简化程序，发现异常需报告。

9）针对使用中的小型压力蒸汽灭菌器，科室应按照国家规范严格落实灭菌质量的监测（物理监测、化学监测和生物监测）。遇专业技术问题，应及时报告医学工程科、感染控制科或消毒供应中心，并协助其解决问题。

10）检查部门应定期讲评检查结果，针对存在的问题或隐患提出指导性意见或建议，并跟踪改进落实情况；受检科室应高度重视检查部门指出的问题或薄弱环节，积极进行整改。若违反上述规定而引发问题，将追究管理者的责任。

第二节　小型压力蒸汽灭菌器的操作规程

小型压力蒸汽灭菌器操作程序包括灭菌前准备、灭菌物品装载、灭菌操作、灭菌过程观察及判断和灭菌物品卸载等步骤。

一、灭菌前准备

每天设备运行前应进行安全检查，包括：

1）灭菌器压力表处在“零”的位置。

2）记录打印装置处于备用状态。

3）灭菌器柜门密封圈平整无损坏，柜门安全锁扣灵活、安全有效。

4）灭菌柜内冷凝水排出口通畅，柜内壁清洁。

5）水箱水位适当，需要时注入蒸馏水。

6）电源、蒸汽、压缩空气等运行条件符合设备要求。

7）遵循产品说明书对灭菌器进行预热。

二、灭菌物品装载

灭菌物品装载需使用小型蒸汽灭菌器配置的灭菌托盘、支架或卡式盒装载，其装载原则与大型蒸汽灭菌器要求一致。

1）灭菌物品应合理放置，物品装放不能触及门和内壁。

2）根据使用说明书规定，了解每个灭菌物品最大重量，每个托盘或每层托架承受负载重量和最大总重量，装载重量勿超过最大限量。

3）纸塑包装的器械可用支架使其分隔放置。

4）无包装负载灭菌时，平放于专用的托盘或卡式盒。

三、灭菌操作

1）确保引流阀关闭，检查和开启电源开关。

2）每次灭菌前都应检查贮水和开启进水阀加水，将“多项阀旋钮”转到注水位置，蒸馏水自储水箱进入消毒舱，待水到达标准槽时，将“多项阀旋钮”调至“灭菌”位置。

3）将灭菌物品有序摆放装入舱内，相互之间应保持一定间隙，以利于蒸汽的穿透，确保灭菌效果。

4）关闭舱门，拧紧门把手。关门时，应按顺时针方向拨动锁紧手柄至中方位，使撑档进入门圈内，后旋动八角手轮使门和垫圈闭合，当“门闭”灯亮时，方可进行灭菌操作。

5）根据灭菌物品设定灭菌温度，液体的灭菌温度不能超过 121℃。

6）打开启动开关，开始灭菌。灭菌时应观察并记录灭菌时的温度、压力、时间等灭菌参数及设备运行状况。

7）当灭菌结束时，将“多项阀旋钮”调至“排气/干燥”位置，进行快速排气，待压力表回至“零”位时，开启舱门取出灭菌物品。

四、灭菌过程观察及判断

小型压力蒸汽灭菌器因为操作简单、使用方便，容易忽略灭菌运行过程的观察。消毒员应谨记，小型压力蒸汽灭菌器与大型灭菌器一样，应持续观察灭菌周期各阶段的物理参数及灭菌器运行情况。

五、灭菌物品卸载

1）从灭菌器卸载取出的物品，冷却时间 >30min。

2）应确认灭菌过程合格，结果应符合 WS 310.3—2016 的要求。

3）应检查有无湿包，湿包不应储存与发放，应分析产生湿包的原因并改进。

4）无菌包掉落地上或误放到不洁处应视为被污染。

六、小型压力蒸汽灭菌器的使用方法

以上海博迅医疗生物仪器股份有限公司生产的 BXM-VE 型小型压力蒸汽灭菌器为例，其工作流程如图 2-1 所示。

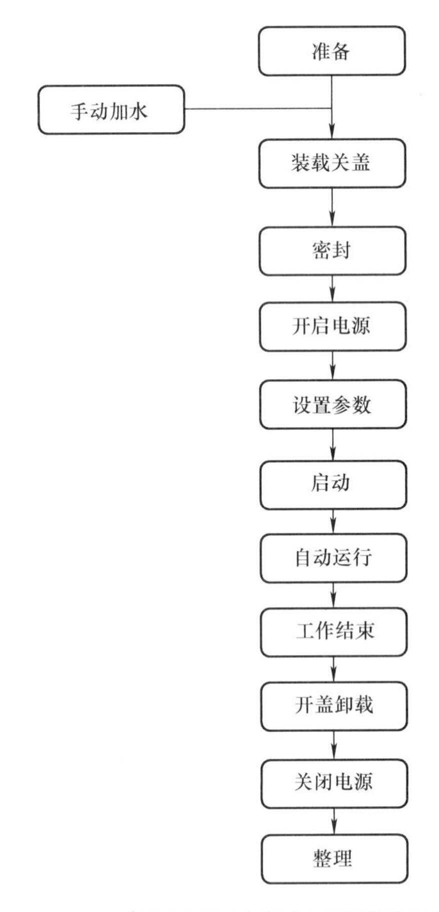

图 2-1　BXM-VE 型小型压力蒸汽灭菌器的工作流程

1. 准备工作

1）检查电源线、排水管、排气系统是否连接完好。

2）取下灭菌器左侧的集汽瓶Ⅰ，注入适量冷水，供灭菌器排气冷却用。将集汽瓶放回原位（排气管插入集汽瓶内，浸没），如图 2-2 所示。请勿一次性加入过多水量，合理控制集汽瓶内水位，当水位过高时，请适当倒出过多的水量。

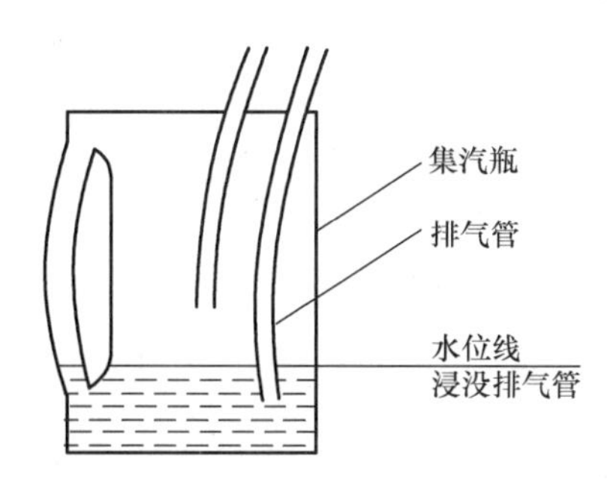

图 2-2 集汽瓶Ⅰ注水说明

3）向置于水平地面上的集汽瓶Ⅱ内注入适量冷水，供灭菌器排气冷却用。将集汽瓶Ⅱ放回原位（排气管插入集汽瓶内，浸没）。

4）检查手动阀是否已关闭。若未关闭，请顺时针旋转将其关闭。

5）检查压力表显示是否为“0MPa”。若压力表未显示“0MPa”，请联系制造厂商。

2. 手动加水

1）逆时针方向旋转手轮，打开容器盖，取出灭菌网篮、载架。

2）在容器筒内加入适量清水，不能使用引起腐蚀、结垢和污渍的水源，以免降低电加热器和容器筒的使用寿命；定期清理容器筒，灭菌过程中水位会不断下降，请在每次使用前补足容器筒内水量。以防出现缺水现象，导致电加热器的损坏。

3）手动加水时，容器筒内水位应加至超过灭菌电加热器上表面 20mm ~ 30mm（60VE、85VE 型）或 30mm ~ 40mm（110VE 型）处（即不超过载架平面高度），如图 2-3 所示。

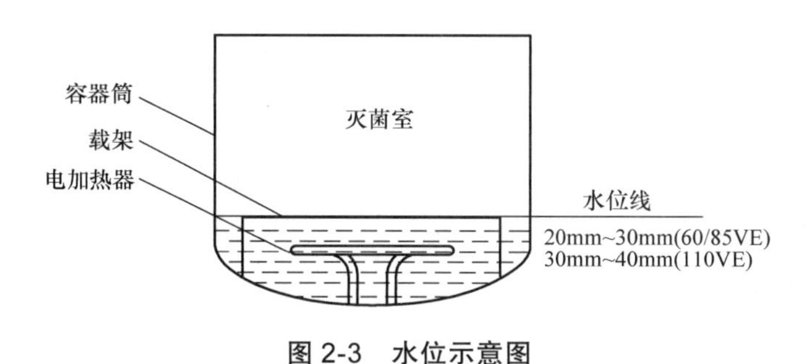

图 2-3 水位示意图

3. 装载

1）完成手动加水后，平稳地放回载架。

2）将需要灭菌的物品予以妥善包扎。

3）将包扎好的待灭菌物品，有序地放入灭菌网篮内。灭菌物品相互之间留有间隙，有利于蒸汽穿透，提高灭菌效果。

4）小心地把灭菌网篮依次慢慢地放入容器筒内。

4. 密封

1）仔细检查密封圈安装状态。密封圈应完全嵌入槽内，且密封圈平整，确认密封圈上无异物，无裂痕；检查密封圈，若有异物，请以软布清除；若有裂痕，请联系制造厂商。

2）推进容器盖，对准筒口位置。

3）顺时针旋紧手轮至不能旋动为止，使容器完全密封。操作面板“门已关”指示灯亮。

5. 开启电源

开启电源开关，接通电源，注意不要用沾湿的手触及电源开关，以免触电。

6. 设置工作参数

以固体灭菌程序设置为例。

1）按两次“设置”键，进入程序设置状态，选择预置程序号 01。

2）按一次“设置”键，设置灭菌温度值为 126℃。

3）按一次“设置”键，设置灭菌时间值为 15min。

4）按一次“设置”键，设置排气方式为“模式 5”。“模式 5”为快排气模式，即灭菌结束后排气阀开 2s，停 3s（>116℃），之后常开（≤116℃）。

5）长按“设置”键，退出设置界面，完成灭菌参数设置。

指定灭菌温度下，灭菌时间不得低于参考值。灭菌温度过低、灭菌时间过短都将导致灭菌效果不达标。排气方式的选择取决于灭菌物品的性质。若未选择合理的排气方式，那些无法承受温度与压力剧烈变化的物品有可能被损坏。工作参数设置参考值，见表 2-1。

表 2-1　工作参数设置参考值

灭菌温度 /℃	121	126	134
灭菌时间 /min	≥ 20	≥ 15	≥ 4
排气方式	0 或 1 或 2 或 3 或 4 或 5		
排气温度 /℃	100（沸点）① ~ 130（沸点 +30）		

① 沸点可由专业人员根据当地海拔调整。

7. 启动

按“启动”键，启动程序，灭菌器开始工作，系统开始正常工作，进入自动控制灭菌过程。若开门指示灯亮，则灭菌器不工作。请检查容器盖是否已密封，或有其他故障发生。

8. 自动运行

1）灭菌器按所设定的参数自动运行，灭菌电加热器启动，开始加热。

2）灭菌室内的新生蒸汽与冷空气被排出。

3）灭菌室内温度达到设定值，进入灭菌状态，灭菌计时开始，操作界面上显示剩余灭菌时间。在此期间，灭菌室内温度与压力恒定。本灭菌器安全阀整定压力为 0.24MPa。当灭菌室内压力过高时，安全阀将自动开启。

4）按所设定的灭菌温度完成灭菌时间后，电控装置将自动关闭加热电源。

5）不排气、慢排气及快排气等 6 种工作模式可人工干预（按“排气”键）。

9. 工作结束

1）所有程序运行结束后，待灭菌室内温度降至开门温度，蜂鸣器发出提示音，面板显示“End”，灭菌结束。

2）等待压力表显示归零。若排气方式选择“0”不排气，则灭菌结束后需等待自然冷却；如在排气方式选择“0”的情况下需快速排气，可长按“停止”键终止设备运行后，点击“排气”键，开启排气阀加速冷却；或开启手动阀加速冷却（无法承受温度与压力剧烈变化的物品严禁开启排气阀或手动阀，只能自然冷却）。

3）压力表显示归零后。在门开启状态下，按“排水”键，开始排水。再次按“排水”键，停止排水。

10. 开盖卸载

1）开启容器盖前，温度应在 85℃以下，压力表必须归零。逆时针方向旋转手轮，开启容器盖。

2）取出灭菌物品，予以妥善储存。佩戴耐热手套，以免被烫伤。对需要进行干燥的物品，迅速进行干燥。

11. 关闭电源

关闭电源开关，切断电源（关闭空气开关）。注意不要以沾湿的手触及电源开关，以免触电。

七、注意事项

1）灭菌器每次使用前必须进行常规的安全检查并检查水箱水位情况，看是否有足够的贮水量。如发现低水位报警指示灯亮，必须立即检查水位，必要时注入蒸馏水。

2）器械在灭菌前应进行清洗检查，并放进推荐的专用托盘或卡式盒进行灭菌。

3）N类灭菌周期只用于无包装实心负载的“应急”灭菌，不应用于常规灭菌。

4）S类灭菌周期只用于制造商规定的特殊物品的灭菌，一般是无包装灭菌。

5）快速灭菌程序没有预真空步骤，影响蒸汽充分接触器械所有的表面，灭菌效果难以保障，只有在特殊紧急情况下才能采取这种灭菌程序，腔镜器械、植入物等不得使用快速灭菌程序。

6）选择快速灭菌程序，必须是单一、实心和无包装的器械，宜使用卡式灭菌盒或专用灭菌器盛放裸露物品，灭菌后应无菌卸载及无菌运输，不得长距离运输，4h内尽快使用，不应储存，无有效期。

7）植入物一般不采用小型压力蒸汽灭菌器进行灭菌，尤其是N类和S类灭菌周期。

8）小型压力蒸汽灭菌器的灭菌监测与大型灭菌器相同，真空型灭菌器每日使用前必须空锅做B-D试验。

9）经常检查电器接头，以防止松动，造成过热或发生故障。

10）灭菌器应保持清洁和干燥，使用后应予以擦拭干净，以免受到腐蚀，对转动机件应及时加润滑油。

11）灭菌器应在完好情况下进行操作，并由专职保养人员或熟悉业务者定期维护，以使其正常运行，避免发生事故。

12）电加热型应确保接地，保证安全。

13）灭菌器旁应悬挂操作过规程，以备查阅，时刻遵守。

14）每周清洗。清洗外部，使用普通的无磨损家用清洁剂清洗灭菌器的不锈钢外表面，清洗着了色的表面、文字和塑料部分时要多加注意；清洗容器，清洗容器内部时，使用机器界面的钥匙开关将门固定在一个开放的位置，并关闭容器的预热装置。

第三节　小型压力蒸汽灭菌器的保养

小型压力蒸汽灭菌器属于医院的固定资产，医院应根据医院规模、任务及工作量，合理配置小型压力蒸汽灭菌器及配套设施。设备设施应符合国家相关标准，一方面消毒员要按安全操作规程操作小型压力蒸汽灭菌器，另一方面灭菌要符合医院感染预防与控制的要求。另外，医院的管理部门有必要重视小型压力蒸汽灭菌器的管理工作，只有医院的管理部门充分重视，基层人员才能真正上行下效，也重视起对小型压力蒸汽灭菌器的维护与保养。只有这样才能保证设备操作人员安全、灭菌物品安全、患者安全。

首先，医院要建立健全小型压力蒸汽灭菌器维保与管理制度，通过科学的规章制度，来规范小型压力蒸汽灭菌器的维保行为，确保人员可以顺利开展管理工作。小型压力蒸汽灭菌器的维保与管理制度需要包含以下内容：①小型压力蒸汽灭菌器的维保部门的组织架构；②明确小型压力蒸汽灭菌器维保部门工作人员的工作职责；③明确小型压力蒸汽灭菌器维保事故的责任鉴定方法；④明确对维保员的培训与考核机制。

其次，在小型压力蒸汽灭菌器的维保与管理制度基础上，还要结合医院的实际情况不断地进行优化和完善，使其符合医院的发展需求。并且，在对维修人员进行管理时，可以参考科室的管理机制，建立绩效考核制度培养维修人员的责任感和工作积极性，营造良好的、具有竞争意识的工作氛围。

最后，完善小型压力蒸汽灭菌器的管理人员考核制度，规范设备管理人员的行为。①对科室设备操作员进行设备专业化的操作培训，并进行操作技能考核，主要是采用理论和实际操作两种结合的方式，由设备工程师打分，考核不合格者需要再次进行培训、考核；②科学发展逐渐完善医疗设备的考核方式，对其设备的主要考核内容有设备的基本性能、维修和保养等，常见的有医疗设备档案记录、定期检修设备线路、内外部零件的检测。日常维护保养的具体要求及内容如下：

一、基本要求

1）小型压力蒸汽灭菌器的维护与保养工作需由经过培训的技术人员或者相关专业人员进行。为了确保灭菌器无故障运行，操作人员或技术人员必须遵循生产厂家使用说明书或指导手册。

2）维护与保养必须先切断电源，并经充分冷却后再操作。

3）定期维护保养。小型压力蒸汽灭菌器的定期维护保养，可有效避免安全控件失灵的发生，保障灭菌器的正常运转，保证灭菌器的质量以及使用功能的可靠性。维护保养期间，应对所有的功能以及与安全相关的部件和电气设施进行检查，必要时进行更换，维护保养工作要根据小型压力蒸汽灭菌器相关的维护保养说明书或指导手册进行。

4）间隔维护保养。应遵循生产厂家使用说明书或指导手册要求进行维护保养。

5）安全运行规定提示。安全运行法第 15 条规定，压力设备（如蒸汽灭菌器）生产厂家必须保证其设备的安全可靠，并就灭菌器各种附件做定期维护保养或间隔维护保养给出建议。

二、基本原则

1）降低小型压力蒸汽灭菌器故障的发生率。合格的水、电、气能源基础条件、规范的操作流程以及日常维护对于降低设备故障的发生率至关重要。

2）延长设备的使用寿命。首先要为小型压力蒸汽灭菌器提供合格的水、电、气能源基础条件，按小型压力蒸汽灭菌器使用说明书要求操作使用，尽量避免设备频繁使用而导致散热时间不足。安排工程技术人员对小型压力蒸汽灭菌器进行监督与检查，做好小型压力蒸汽灭菌器的检测与维护保养，及时排除潜在故障隐患，保证医疗设备的使用寿命。

3）针对小型压力蒸汽灭菌器，制定科学合理的维护周期，保障维护质量，必要时要依靠管理制度来强制性要求维修人员对小型压力蒸汽灭菌器定期进行维护与保养，确保这些小型压力蒸汽灭菌器可以正常工作，发挥其应有的医疗功能，满足医院医疗需要。

三、基本操作

为保证卡式、台式小型压力蒸汽灭菌器长期处于良好运行状态，操作人员在日常使用过程中应严格遵守各项操作规程，出现异常状况应立即停止使用并报修。同时，对卡式、台式小型压力蒸汽灭菌器的日常维护、周保养、半年保养、年保养，能够使设备处于工作的最佳状态，减少故障发生率，保证物品的灭菌质量，提高设备的使用率和完好率，消除事故隐患，并能延长设备的使用寿命。

（一）卡式小型压力蒸汽灭菌器

1. 每日维护

（1）清洁卡式灭菌盒　保持灭菌盒的清洁有助于设备正常运行。用不含氯的中性清洁剂或液体皂清洁卡式灭菌盒内部，并用纯化的水彻底冲净所有的皂液或清洁剂。卡式盒内的污物越少，器械的干燥越好。

（2）清洁净水箱

1）净水箱内应放入符合要求的经纯化的水。

2）盖好净水箱盖，防止尘埃进入。

3）水量要求高于水箱内水位传感器，低于滤网1cm左右（与滤网底部持平即可），为水箱加水时，注意控制水不要溢出水箱口外部。

4）每天排除净水箱内残留的水，再用经纯化的水冲洗水箱内的污垢及颗粒杂质。

5）勿使用具有腐蚀性的化学物品或清洗剂，否则会损坏机器。

（3）清空废水瓶　每次给净水箱加水都要倒空废水瓶，并在废水瓶内加入自来水，达到最低刻度。

（4）清洁灭菌器外部　用无腐蚀性的清洁剂来清洁灭菌器外部的不锈钢表面。切勿使用有腐蚀性的化学清洁剂或清洗剂。

（5）灭菌用水　参照生产厂家提供的使用说明或指导手册中的水质要求，或符合WS 310.1—2016的附录B中的小型压力蒸汽灭菌器供水的质量指标，电导率≤5μS/cm（25℃）的经纯化的水进行灭菌。

2. 每周维护

检查空气过滤器、生物过滤器是否干净，有无潮湿，如有潮湿，应联系厂家工程师或维修技术人员。

3. 每半年维护

（1）更换空气过滤器、生物过滤器　检查空气过滤器是否干净，如果不干净则及时给予更换，保证空气干燥循环期间有足够的洁净空气进入。更换空气过滤器时应遵循生产厂家提供的使用说明或指导手册进行。

（2）更换密封圈

1）应遵循生产厂家提供的使用说明或指导手册进行更换。

2）更换密封圈时，用经纯化的水冲洗卡式盒内的密封槽。

3）查看卡式盒盖内旧密封圈安放的位置，新的密封圈将照此安装。

4）取出旧的密封圈，清除密封槽内的残渣，用经纯化的水冲洗密封槽。

5）换上新的密封圈后，卡式盒盖和底盘之间可能有蒸汽泄漏。如果泄漏持续存在，则应取下密封圈，检查密封圈的安装是否正确。

6）循环刚结束的卡式盒金属部分很热，盒内仍有热蒸汽存在，操作时注意防护，防止烫伤。

4. 每年维护

1）检查卡式灭菌盒情况。检查盒盖、盒底和密封圈是否完好，必要时给予更换。

2）检查净水箱情况。检查净水箱是否有污染，必要时用经纯化的水冲洗。

3）检查电磁阀情况。检查和清洁阀门，更换故障活塞。

4）检查泵情况。清洁泵上的过滤网，必要时进行更换。

5）检查单向阀情况。在循环运行过程中，从单向阀入口取下空气压缩机管，检查是否有蒸汽从阀门泄漏，如果有泄漏给予更换。

6）检查打印装置。灭菌前要观察打印纸是否充足、平整，灭菌后观察打印出的灭菌参数是否在正常范围内。

7）校准设备。

5. 维护手册

为了确保灭菌器无故障运行，操作人员和技术人员必须遵守维护手册的规定，示例见表 2-2。

表 2-2　卡式小型压力蒸汽灭菌器维护手册示例

操作人员维护		
每日	卡式灭菌盒	用清洁剂或肥皂液清洗内部，再用水彻底冲洗
	机器	为了保证设备运行正常，建议每天使用后进行一次完整的灭菌循环（包括整个空气干燥过程）。特别在周末设备闲置或长期闲置时这样做很重要
	净水箱	每天排水
	废水瓶	每次给净水箱加水都要倒空废水瓶，加入自来水到废水瓶上的最低刻度
	灭菌用水	参照生产厂家提供的使用说明或指导手册中的水质要求，或符合中华人民共和国卫生行业标准 WS 310.1—2016 的附录 B 中的小型压力蒸汽灭菌器供水的质量指标，电导率≤ 5μS/cm（25℃）的经纯化的水
每周	空气过滤器	检查空气过滤器是否干净，有无潮湿，如果潮湿，联系厂家工程师或维修技术人员
	生物过滤器	检查生物过滤器是否干净，有无潮湿，如果潮湿，联系厂家工程师或维修技术人员
每半年	空气过滤器	应遵循生产厂家提供的使用说明或指导手册进行更换
	生物过滤器	应遵循生产厂家提供的使用说明或指导手册进行更换
	密封圈	应遵循生产厂家提供的使用说明或指导手册进行更换
技术人员维护		
每年	卡式灭菌盒	检查盒盖、盒底和密封圈是否完好，必要时给予更换
	净水箱	检查净水箱是否有污染，必要时用经纯化的水冲洗
	电磁阀	检查和清洁阀门，更换故障活塞
	泵	清洁泵上的过滤网，必要时更换
	单向阀	在循环运行过程中，从单向阀入口取下空气压缩机管，检查是否有蒸汽从阀门泄漏，如果有泄漏给予更换
	校准	校准设备

（二）台式小型压力蒸汽灭菌器

1. 每日维护

（1）清洁门密封圈

1）用温和的清洁剂、水和低纤维絮布清洁门密封圈。

2）密封圈应干净光滑。

（2）清洁灭菌器外部

1）用潮湿的低纤维絮布擦拭设备的外表面。

2）切勿使用有刺激性的化学清洁剂或消毒剂。

（3）灭菌用水　参照生产厂家提供的使用说明或指导手册中的水质要求，或符合中华人民共和国卫生行业标准 WS 310.1—2016 的附录 B 中的小型压力蒸汽灭菌器供水的质量指标，电导率≤ 5μS/cm（25℃）的经纯化的水。

（4）检查和清洁内置储水桶

1）若使用内置储水桶需人工提供经纯化的水，每次加水时，查看储水桶是否清洁。

2）必要时用低纤维絮布和经纯化的水清洁水桶。

3）用低纤维絮布擦净和清除储水桶上的污渍和残渣。

4）如果污渍和残渣没有清除干净，遗留下的残渣会在排放废水时流入到安装在废水管道的残渣过滤器里，导致过滤器使用寿命缩短。

2. 每周维护

（1）清空并加注真空泵水箱　清空真空泵水箱，并向其中注入适量的水。

（2）清洁托盘架和托盘　用清洁剂、水和低纤维絮布清洁托盘架和托盘，及时用经纯化的水漂洗，以免在金属上留下污渍。

（3）检查及清洁灭菌腔体

1）包括腔体、密封面、门密封垫、载物支架是否有污染物、沉淀物或损坏。

2）清洁前，关闭灭菌器的电源开关，并将电源插头拔下。

3）确定腔体不发烫。

4）使用柔软的低纤维絮布。

5）首先使用酒精浸湿低纤维絮布，然后拭去污渍。

6）使用不含氯的清洁剂。

7）对于腔体、载物支架以及腔体密封表面的顽固污渍，可使用 pH 介于 5 和 8 之间的不锈钢清洁剂。

8）清洁门密封垫时，使用中性液体清洁剂，不需要抹油润滑，门密封垫需要保持清洁干燥。如果发现门密封垫缩小、起皱或有破损，则必须及时更换。

9）不应让清洁剂通过腔体流到管路中。

10）不应使用研磨型清洁材料和用具，如钢丝球或钢丝刷，以免灭菌腔体表面会被划伤或损坏，导致密封表面性能不好，加速灭菌腔体的污垢积聚和发生腐蚀。

3. 每 2 周维护

每两周必须清洁废水储水桶，步骤如下：

1）清洁废水储水桶。

2）把废水排入到容器里。

4. 每月维护

（1）清洗排水过滤器

1）在清洗前，确认断开电源线，灭菌腔中没有压力和水。

2）在操作中和操作后短时间内，不要触摸安装在排水管上的过滤网盖，以防烫伤。

3）若在过滤网盖很热的情况下操作，注意佩戴隔热手套。

4）取出内部的过滤网，用软刷进行刷洗。

（2）检查安全阀　防止安全阀发生堵塞，影响通过安全阀正常工作。

（3）润滑门枢轴

1）用低纤维絮布清洁枢轴。

2）滴几滴润滑油至门中的螺纹套中、门销和门紧固螺栓上。

5. 每半年维护

每半年应更换空气过滤器，要求如下：

1）应遵循生产厂家提供的使用说明或指导手册进行更换。

2）在处理前，确认断开电源，且腔体内没有压力和水。

6. 每年维护

（1）检查门的密封圈

1）如果密封圈缩小或者起皱，应及时给予更换。

2）注意密封圈的清洁，防止长期使用后表面留下杂质，影响密封性能。

3）密封不好会导致蒸汽的泄漏或者在真空测试中出现过高的泄漏率。

4）应遵循生产厂家提供的使用说明或指导手册进行更换。

5）仔细观察门密封圈密封表面不同的宽度，只有正确安装门密封圈才能保证门可以关好，使腔体密闭。

（2）更换密封圈

1）用一把头部不尖锐的一字槽螺钉旋具进行更换。

2）装卸密封圈必须先切断电源，并经充分冷却后再继续操作，以免烫伤。

3）取出密封圈后，清洗装密封圈的凹槽或密封盖表面，并查看密封圈有无破损，如有破损则必须更换。

4）清洗完毕后，将密封圈装回门体凹槽。安装时首先将密封圈均匀分布的四个点嵌入凹槽，然后将其他部分均匀嵌入凹槽。装完后，用手将密封圈压均匀。

5）将密封圈嵌入凹槽内时，密封圈的内圈会出现外翻情况。可用螺钉旋具小心地将其压入凹槽内。

（3）检查锁定装置　查看是否存在过度磨损。

（4）更换熔断器熔丝

1）切断电源。

2）用螺钉旋具将熔丝座逆时针旋转，取出需要更换的熔丝。

3）将新的熔丝换上，将熔丝座放回，然后用螺钉旋具按顺时针方向拧紧熔丝座。

4）更换时务必检查新熔丝的参数是否正确。

（5）更换灭菌滤芯或对其进行灭菌

1）通过转动拔出灭菌滤芯。

2）带孔的托盘插入灭菌器，将灭菌滤芯倒置放在托盘上。

3）注意不要让灭菌滤芯倒置，这样会导致滤芯内的冷却水无法排出。

4）安装上新的灭菌滤芯进行灭菌。

5）程序结束后取出灭菌滤芯并让其冷却至少 15min。

6）通过均匀转动和压力将灭菌滤芯装到接口上。

7. 维护手册

为了确保灭菌器无故障运行，操作者和技术人员必须遵守维护手册的规定，示例见表 2-3。

表 2-3　台式小型压力蒸汽灭菌器维护手册示例

操作人员维护		
每日	门垫圈	1）用温和的清洁剂、水和低纤维絮布或海绵清洁门垫圈 2）垫圈应干净光滑
	灭菌器外部	1）用潮湿的低纤维絮布擦拭机器的外部 2）切勿使用有刺激性的化学清洁剂或消毒剂

（续）

操作人员维护		
每日	灭菌用水	参照生产厂家提供的使用说明或指导手册中的水质要求，或符合中华人民共和国卫生行业标准 WS 310.1—2016 的附录 B 中的小型压力蒸汽灭菌器供水的质量指标，电导率≤ 5μS/cm（25℃）的经纯化的水进行灭菌
	给水内置储水桶	1）若使用内置储水桶人工提供经纯化的水，每次加水时，查看储水桶是否清洁 2）必要时在填充前，用清洁的灭菌用水清洁水桶
每周	真空泵水箱	清空并加注
	托盘架和托盘	用清洁剂、水和低纤维絮布或海绵清洁托盘架和托盘，及时用水漂洗，以免在金属上留下污渍
	腔体（包括门密封垫和腔体密封面，专用灭菌架或篮筐）	检查是否有染物、沉淀物或损坏 如有污渍，将腔体内的专用灭菌架或篮筐取出，清洁有污渍的部分，清洁时注意以下几点： 1）清洁前，关闭灭菌器的电源开关，并将电源插头拔下 2）确定腔体不烫 3）使用柔软的低纤维絮布 4）使用不含氯的清洁剂 5）对于腔体、托盘架以及腔体密封表面的顽固污渍，可使用 pH 介于 5 和 8 之间的不锈钢清洁剂 6）清洁门密封垫时，使用中性液体清洁剂，不需要抹油润滑，门密封垫需要保持清洁干燥。如果发现门密封垫缩小、起皱或有破损，必须及时更换 7）不要让清洁剂通过腔体流到管路中 8）不应使用研磨型清洁材料和用具，如钢丝球或钢丝刷
	灭菌腔体及水箱	清洗和除垢，禁止使用钢丝球、钢丝刷或漂白剂
	设备外壳	用涂有肥皂的湿低纤维絮布擦拭机器的外部。切勿使用有刺激的化学清洗剂或消毒剂
	喷气口	为确保灭菌腔内的温度正常上升，应使喷气口保持清洁。污染的喷气口将妨碍灭菌指示条变色，从而导致孢子实验失败
每 2 周	废水储水桶	1）清洁废水储水桶 2）把废水排入容器

（续）

操作人员维护		
每月	排水过滤器	1）在清洗前，确认断开电源，且灭菌腔中没有压力和水 2）在操作中和操作后短时间内，不要触摸安装在排水管上的过滤网盖，以防烫伤 3）若在过滤网盖很热的情况下操作，注意佩戴隔热手套 4）取出内部的过滤网，用软刷进行刷洗
	门枢轴	1）用无毛絮的低纤维擦絮布清洁枢轴 2）滴几滴润滑油至门中的螺纹套中、门销和门紧固螺栓上
专业人员维护		
每半年	空气过滤器	1）应遵循生产厂家提供的使用说明或指导手册进行更换 2）在处理前，确认断开电源，腔体中没有压力和水
每年	门的密封圈	1）应遵循生产厂家提供的使用说明或指导手册进行更换 2）仔细观察门密封圈密封表面不同的宽度，只有正确安装门密封圈才能保证门可以关好，使腔体密闭
	锁定装置	查看是否存在过度磨损
	校准	校准设备
定期	维护保养	应遵循生产厂家提供的使用说明或指导手册进行更换
	灭菌滤芯	灭菌滤芯原则上必须在定期保养时更换。遇到停电或错误报警，可能需要更换灭菌滤芯或对其进行灭菌
	灭菌滤芯	清理灭菌滤芯

第四节　小型压力蒸汽灭菌器的维修

一、蒸汽发生器故障维修

1）注水超时报警。

故障原因：加水泵加水慢或损坏、水源压力低或停水、水位探测器测不准水位。

解决办法：维修或更换加水泵、检查水源压力、清洗或更换水位探测器。

2）加热器过热。

故障原因：温控器故障、水位探测器故障。

解决办法：调整或更换温控器、清洗或更换水位探测器。

3）设备跳闸。

故障原因：超压保护、急停按钮按下、加热器接触器触点熔焊。

解决办法：检查电源电压、恢复急停按钮、检查加热接触器。

二、机器基础故障维修

1）电源开关接通，电源开关指示灯不亮。

故障原因：断路器跳开、跳闸、主开关损坏。

解决办法：断开断路器，根据检查结果更换配件。

2）电源开关接通，电源指示灯亮，灭菌温度尚未达到，加热指示灯不亮。

故障原因：压力开关没有动作、加热指示灯损坏、定时器没有接通。

解决办法：根据需要检查并更换压力开关、根据需要检查并更换指示灯、检查定时器。

3）定时器不动作或不准。

故障原因：定时器与外壳有接触，阻力过大、定时器损坏。

解决办法：调整定时器旋钮与外壳间隙、根据需要更换定时器。

4）主开关和温度设定器接通，加热指示灯不亮。

故障原因：接通加热器的一条或多条线路被烧毁、加热器损坏。

解决办法：检查拧紧或更换电线、检查并更换加热器。

5）电源正常，温度和压力达不到预设值。

故障原因：压力值低、安全阀泄露。

解决办法：调整或更换温度设定器、手动打开安全阀清理测试或更换安全阀。

6）压力上升慢。

故障原因：一个或多个加热器被烧毁、门密封圈漏气。

解决办法：检查或更换加热器、检查门或更换密封圈。

7）温度高，过热保护器保护。

故障原因：灭菌容器中水量不足、安全阀漏气。

解决办法：检查注水过程，重新注水、检查或更换安全阀。

8）灭菌不合格或指示卡变色不好。

故障原因：是否按照正确方法灭菌、压力开关温度不准、灭菌时间太短。

解决办法：按照机器说明书规范操作、校正或更换压力开关、根据需要延长灭菌时间。

9）显示屏不亮。

故障原因：显示器本身损坏，显示器供电异常。

解决办法：更换显示屏，查找供电电路。

10）门漏气。

故障原因：门密封条老化变硬开裂、门不锈钢变形。

解决办法：更换门密封条、校正门变形部分。

11）控制程序异常。

故障原因：卡在某个阶段不动、阶段控制异常。

解决办法：程序恢复出厂设置。

12）后处理干燥阶段机器噪声大。

故障原因：管路堵塞、热交换效果差。

解决办法：疏通管路、清洗热交换器必要时更换。

13）灭菌后湿包。

故障原因：腔体单向阀损坏、疏水阀故障。

解决办法：检查或更换腔体单向阀、检查或更换腔体疏水阀。

14）抽真空超时。

故障原因：有漏气部分、真空泵故障。

解决办法：测漏查找气密性、维修或更换真空泵。

第五节　小型压力蒸汽灭菌器的档案管理

设备档案是指从设备规划、设计、购置、安装、使用、维修改造、更新直至报废等全过程中形成并经整理归档保存的图纸、图表、文字说明、照片、录像、录音带等文件资料。它是设备使用、管理、维修的重要依据。为保证设备维修工作质量、使设备处于良好的技术状态，提高使用、维修水平，应充分发挥设备档案资料为日常设备管理、维修、使用服务的职能。

档案管理是信息管理的一个重要组成部分，医疗设备档案在医疗、科研、教学以及医院管理中均起到重要的作用，是重要的法律文件，也是处理由医疗设备引起的各种纠纷的法律依据，《中华人民共和国档案法》规定：凡属于档案管理范畴的文件原始资料，必须以档案方式保存、管理。

小型压力蒸汽灭菌设备从计划采购、安装验收、临床使用、维修维护直至淘汰报废的整个过程中存在大量的文书资料。每一个环节的资料都需要建立完整的设备档案。由专人从事医疗设备档案管理工作，及时收集有关设备的档案、类目设置、编制案卷目录及文件目录，档案管理规范，做到真实、完整、动态，保证医疗设备档案内在质量的稳定性，防止发生档案形成部门和个人随意操纵的行为。

一、小型压力蒸汽灭菌设备档案管理体系

一个完整的档案管理，必须合理地设置设备管理类目体系，参照国家档案分类的有关规定，结合医疗设备管理的特性设置档案类目，达到组卷规范的目的。类目设备必须保证类目清楚，避免不同类目文件交叉立卷，避免割裂文件材料的有机联系。避免把同一问题的文件组成一个案卷，或将不同型号的设备购置合同书组成一卷，这样容易人为地造成一台设备的文件材料分散在其他门类的案卷中，给设备档案管理带来不便和麻烦。

档案管理的设置应符合以下要求：

真实性：档案资料收集对象应为原始资料，医疗设备管理的各个环节中应随时收集各种原始资料。如因客观原因只能得到复印件，则必须验证复印件的真实性和注明复印件的提供者，以备查证。

完整性：档案资料必须完整，根据档案内容要求收集、整理装订成完整的档案资料。档案目录与实际档案资料内容、页数必须相符，不能缺少。一般收集的原始资料不可外借，应以复印件方式借出，原始资料必须借出时应严格办理手续限期归还，防止流失。

动态管理：动态档案产生于医疗设备的运行过程中，随时有新的资料产生，如各种保修合同，设备的维修、检测、计量记录等。档案内容会动态更新，要求每年在档案文件目录中新增内容，及时更新。

（一）小型压力蒸汽灭菌设备档案管理机构的建设

医院设备档案管理部门在建立与管理设备档案过程中，要始终保持统一的领导模式，加强对医院设备档案管理领导小组的建立，只有这样才能使其设备档案管理制度有效实施，将相关管理责任充分落实。提高设备档案数据的真实性与有效性，从而为医院小型压力蒸汽灭菌设备的后期使用和维修等提供便利条件，并为医院的可持续性发展奠定坚实的基础。

1）强化医院管理层的引导职能。医疗设备档案管理是现阶段医院各项事务中的基础内容，做好医院医疗设备档案管理工作、切实推进医院各项工作的稳定发展，是医院管理者所肩负的重大职责。要进一步强化医院管理层承担医院医疗设备档案管理工作的责任意识，坚定提高医院医疗设备档案管理质量这一重要目标，规划医院医疗设备档案管理的整体方案，为医院医疗设备档案管理始终在正确的轨道上提供保障。

2）构建科学高效的组织体系。高效的组织体系是建立协同机制的组织保障。权责清晰、职能明确的组织系统，是医院医疗设备档案管理协同机制的关键。在医院党委的直接领导下，由医院行政部门的负责，最终构建以档案管理部门为核心的档案管理体系。体系内的各个部门应本着“协同合作”的原则，以“完善医疗设备档案管理”为目的，清晰界定各职能部门的权利与责任，定期召开设备档案管理专题工作会，共同探讨在实施医疗设备档案管理过程中遇到的障碍与不足，并积极寻求解决的策略与办法，提升协同机制的行动力和执行力，确保设备档案管理的有序推进。

3）完善设备档案管理的工作规划。医院在制定中长期发展规划时，要将医疗设备档案管理纳入到整体规划之中，结合医院自身的发展情况，遵循医疗设备档案管理的客观规律，制定出符合本院实际情况的设备档案管理方案，明确医疗设备档案管理的目标及实施策略，通过统筹规划来强化医院各部门的协同合作，切实提升医疗设备档案管理的系统性，为医院各项工作提供必要的信息支持。

4）打造一支过硬的管理队伍。过硬的管理队伍是协同机制的人力支撑，重视医院医疗设备档案管理队伍的锤炼与锻造，为构建医院医疗设备档案管理协同机制提供重要的人力保障。一方面，要打造好主体队伍，医院档案管理工作人员是协同机制的主体，必须要从综合素质、信息素养、业务能力等方面入手，通过专家引领、在职培训、主题活动等途径来锻造和锤炼一支知识完备、理论丰富、业务技术较高的档案管理队伍；另一方面，要加强对全院职工档案管理教育，使一些身处在专项档案管理工作之外的职工明确身上所肩负的档案管理职责，促使他们积极投身到医院医疗设备档案管理工作之中，为优化医院设备档案管理而共同努力。

（二）小型压力蒸汽灭菌设备档案管理制度

在医院设备档案建立与管理过程中，设备档案管理制度科学有效地建立对于整个医院的设备档案建立与管理工作来说都至关重要，是整个医院综合管理的重要组成部分。

制定档案管理制度时，应围绕档案管理具体现状展开，以确保管理制度的针对性、可靠性与实效性；医院在改革设备档案管理部门过程中，要加强对整个设备档案管理部门观念的优化与创新，使传统的老旧的管理模式可以得到彻底转变，从而使医院管理部门工作人员对设备档案管理工作具有正确的认识，进一步提升设备档案管理力度，围绕管理实践完善档案管理制度，使设备档案可以更加完整的保存尤为重要。现代化的档案管理制度，应具备以下特征：

1）可确保档案管理的科学性、系统性、全面性。

2）能够有效处理管理细节问题，制定档案管理制度时，应注重管理的细节性、规范性、可行性。

3）引入精细化管理，精细化管理可有效反映管理中的问题，对日后档案管理工作有重要的指导作用，同时可突出制度的导向性。精细化管理的应用在助推制度建设的同时，强化了细节性把控。

二、小型压力蒸汽灭菌器设备档案管理的内容

设备档案管理的范围包括设备及有关土建设施的图纸说明书、技术文件、设备制造图、备件图册、设备档案袋、设备改装图纸、修理工具图册及设备维修、使用等资料，具体内容如下：

1）设备购买申请报告、论证报告、标书、中标通知、内外贸易合同、海关报关文件复印件。

2）制造厂的技术检验文件、各类检测报告、合格证、技术说明书、装箱单、到货验收单。

3）设备安装验收登记表、移交书。

4）装机基础图及土建图。

5）设备结构及易损件、主要配件图纸。

6）精度校验及检验记录。

7）设备操作规程（包括：岗位职责、主要技术条件、操作程序等）。

8）设备日常维护及使用情况登记、运行记录。

9）设备维修情况登记、修理施工记录，竣工验收单，修理检测记录。

10）设备缺陷记录及事故报告单（原因分析处理结果）。

11）设备检修规程（包括：检修周期、工期、项目、质量标准及验收规范等）。

12）设备报废申请报告、审批结果、处置方案等。

三、小型压力蒸汽灭菌器设备档案资料的收集

1）设备管理部门负责图纸资料的收集工作，将设备通用标准、检验标准、说明书以及相应型号的制造图、装配图，重要易损零件图等资料配置完整。

2）新设备开箱应通知设备管理员及有关人员，收集随机带来的图纸资料；由设备管理部门组织审核校对，发现图纸与实物不符，必须做好记录。

3）在新设备安装前复制说明书上相应的图纸信息，以指导安装施工，原件进行妥善保管。

4）设备安装调试完成后，严格按要求进行相关监测，做好监测记录，并存档。

5）由厂家技术人员进行设备日常维护及常规操作培训，完善培训记录。

6）设备操作人员按要求做好日常运行记录，内容包括日期、设备编号、锅次号、灭菌物品名称，物理、化学、生物监测结果，操作员、审核员等信息。

7）定期进行安全阀、压力表校验，妥善留存记录。

8）设备故障申报及维修记录，包括故障日期、故障原因分析、维修解决方案、维修后监测记录、效果评价。

9）设备检修与维修期间，由设备管理部门组织有关技术人员对设备的易损件进行检测，经校对后将检测结果汇总成册存档管理。

四、小型压力蒸汽灭菌器设备档案的分类管理

（一）按档案内容进行分类

1）基建档案，如：安装基础图等。

2）设备基础档案，如：设备制造厂的技术检验文件、合格证、技术说明书、设备结构及配件图纸、设备安装验收移交书等。

3）设备调试检修档案，如：设备安装调试监测合格记录，常规检查记录、故障维修记录，包括故障维修后监测合格记录等。

4）设备使用档案，如：日常维护保养记录、安全检查记录、日常运行记录等。

5）设备仪表校验档案，如：灭菌参数、灭菌效果和排气口生物安全性验证记录等。

6）设备报废档案，设备达到报废年限，或其性能不达标无法维修，则提交报废申请，逐级审批，按要求把之后相关文件资料妥善存档。

（二）按档案的存在形式分类

1. 手工纸质档案

纸质档案资料是实物资料，具有很强的真实性和法律效力，在信息化时代背景下进行其规范管理，同样非常重要。纸质档案资料因为是原始资料，具有唯一性和不可替代性，尤其是设备采购、安装、校验、运行过程、灭菌效果监测记录等具有法律效力的文书，对于医院及使用部门对开展后续各项工作具有重要的法律效力，

因此，要做好纸质档案资料的保管工作显得尤为重要。

1）要分门别类地进行统计，做好档案资料的分类管理。

2）做好纸质档案的保存工作。纸质档案资料的保存不同于其他实物，纸质档案容易受到环境因素的影响。纸质档案保存时间过长还会出现字迹模糊，发生扩散的情况，这就导致了纸质档案的保存时间非常有限。因此需要设立专属的部门、指定专门人员负责，并设定相应符合条件的保存场所，以便保管工作的顺利进行。

3）要做好纸质档案资料的安全防护，档案资料管理的重点就是安全，因此医院要制定相关的规章制度，做好防火、防潮、防腐蚀工作，确保资料的安全性。

2. 信息化系统档案

随着科学技术水平的飞速发展，互联网技术在各行各业都有了更为广泛的应用和普及，互联网技术的广泛运用极大地提升了医院的工作效率，同时也为医院档案管理实施电子化管理运用提供了技术支撑和帮助。信息化档案有以下几个优点：

1）存储方便、经济环保。信息化的档案管理主要是以电子文件的形式储存档案。电子文件可以利用光盘、硬盘，甚至在网络云端进行储存。这样的存储方式一方面存储量很大，节约了大量空间，可以降低管理成本，节省档案管理者的体力和精力，同时减少了纸张的使用，经济环保；另一方面电子档案不容易受环境的影响，不像纸质档案一样易受潮、易燃、易破损，保存起来很方便。

2）电子档案表现形式多样，内容丰富。电子档案可以储存的内容形式多样，可以是文字、图片、音频、视频等资料，比纸质档案更加全面、生动、形象。尤其是对一些设备操作流程，以视频的方式存储成医疗档案会使以后的使用更直观。

3）查阅方便。信息化档案可以在网络环境下，多人进行资源共享，不会受到时间和空间的限制。档案需要传递时可以通过网络快速送达，不再需要以纸质文件形式进行传递，极大地节省了时间。当需要查阅档案时可以通过系统的关键词检索或者是分类查找，快速找到需要的档案，当需要复制档案时，只需要在电脑上操作复制就可以，操作更加方便快捷，而且通过电脑复制的资料不会出现复制内容有误的情况。

（三）档案分类管理的注意事项

1）根据设备档案资料的不同类别，逐一进行梳理，注明标识及编号，分类存放，妥善保管。

2）编制档案目录和清单，以便查阅。

3）在实施医院设备档案资料电子化管理中需要注意做好电子化档案的备份留

存。避免数据丢失或损坏，造成档案资料的遗失。

4）设备档案资料一旦归档，任何人都不能私自更改，确保档案资料的真实性。

五、小型压力蒸汽灭菌器设备档案管理的具体要求

1）档案资料应力求齐全、完整、准确。

2）检验（检测）、检修、验收记录等资料分类整理，集中统一管理。

3）设备档案分类准确、标注清楚、编号有序。

4）如需借阅设备档案资料，档案管理员需认真填写《借阅登记表》注明档案名称、数量、借阅时间、借阅期限、借阅人等信息，重要文件资料借阅，需报请设备管理负责人批准后方可借阅，原图原件或无备件的技术档案资料一律不得外借，只能在资料室查阅。

5）现代化设备档案管理，不仅需要实现精细化，还需与 ECRS（分析法）原则要求一致，能够灵活利用系统分析，寻求优化路径，由以往实时形成，再进行资料移交，有效转化为统一管理。

6）建立中心档案室，实现专人、专机、专档的管理机制，本着档案分类、集中管理的原则施以科学化管理。设立设备科与中心档案室，以及维修者、院办的多级管理体系，所有改进、维修、使用中的材料定期归档，做好备份工作，确保材料的全面性、完整性。

7）加强档案移交双方签字确认、清册等工作。

8）档案存放遵循管理原则，以“6s”档案管理方法，即清洁、整顿、素养、清扫、整理、安全管理方法，对归档档案按照是否常用进行分类，可用设备档案，应及时定位、定量、定容处理，要求摆放整齐，明确标识。

9）档案柜保持整洁、干燥，档案应用后物归原位。

10）借助六西格玛质量管理方法，确保各管理环节与流程零缺陷，要求档案布局使用与管理科学有效，规避以往管理模式中的事故、差错与浪费问题，加强档案管理成效，提高档案应用价值，为完善档案精细化管理奠定良好基础。

六、小型压力蒸汽灭菌设备质量控制档案管理示例

蒸汽灭菌设备的使用安全，与医院感控息息相关，依据卫生行业标准 WS 310.3 医院消毒供应中心第 3 部分，以及 GB/T 30690—2014《小型压力蒸汽灭菌器灭菌效果监测方法和评价要求》，小型压力蒸汽灭菌器的安全使用应符合以下要求：

（一）日常监测记录

每次灭菌应连续监测并记录灭菌时的温度、压力和时间等灭菌参数。灭菌温度波动范围在 +3℃内，时间满足最低灭菌时间的要求，同时应记录所有临界点的时间、温度与压力值，结果应符合灭菌的要求。

1）每一待灭菌物体表面均应粘贴化学指示胶带（包装袋带化学指示色块的除外）。

2）将化学指示卡（剂）放入每一待灭菌包中心，若无物品包装则放入灭菌器较难灭菌部位，经一个灭菌周期后，取出指示卡（剂），观察其颜色及性状的变化。

3）设备新安装、移位或大修后应进行物理监测、化学监测和生物监测。物理监测、化学监测通过后，生物监测应空载连续监测三次，合格后灭菌器方可使用。

（二）定期监测记录

应每年用温度压力检测仪监测温度、压力和时间等灭菌参数、灭菌效果和排气口生物安全性等进行验证。

（三）设备保养 / 维修监测记录

应做好设备保养 / 维修监测记录，设备保养 / 维修监测登记表见表 2-4。

表 2-4　设备保养 / 维修监测登记表

设备名称		保养时间	
保养内容：			
保养人员		下次保养时间	
供应室人员			
备注：			

第六节　人员要求、资质认定、岗位培训

一、人员要求

（一）医院设备管理部门

1）医疗机构从事医疗器械管理人员应了解和掌握国家相关行政管理部门颁发的医疗器械管理的相关政策和法规，掌握医疗器械临床安全使用的要求，并有效履行岗位职责。

2）从事医疗器械安全检测的人员，宜具备医学工程专业背景，经过相关技术培训并考核合格后方可从事该项工作。

3）设备管理部门人员以生物医学工程专业或电子技术专业背景人员为主，也有物流管理、电子商务等专业人员。

4）人员总体要求，钻研敬业、认真负责、廉洁自律。

5）设备管理部门主要由资产管理、维修维护、计量管理三个岗位的人员对医用蒸汽灭菌设备进行管理。如果是新增或更新医用蒸汽灭菌设备，还涉及采购管理和档案管理岗位人员。

（二）设备操作使用部门

1）操作人员应具备小型压力蒸汽灭菌器的基础理论、基本知识和操作技能，能正确使用，掌握应急处置技能。

2）从事小型压力蒸汽灭菌器操作人员要求：经灭菌器厂家专业人员的指导后具备操作灭菌器的资格。

3）从事小型压力蒸汽灭菌器检验检测人员要求：取得市场监督管理部门相关项目考核合格证书。

二、资质认定

（一）医院设备管理部门

1）设备管理部门人员资质认定依据单位人事部门认定的专业技术职称。

2）从事医疗器械安全检测的人员应经过相关技术培训并考核合格后才能从事该项工作。

3）应建立医疗器械安全检测的医学工程专业人员的技术档案。技术档案应包

括其学历、培训经历、资历、职务和技术职称等方面的内容。

4）医疗机构应根据当前和预期的任务，制定医疗器械临床安全使用检测医学工程专业人员的培训计划，并按计划执行。

（二）设备操作使用部门

操作人员应实行培训考核上岗制度，建立相应的培训考核程序与标准，定期对其进行技术能力的评价。

三、岗位职责

（一）医院小型压力蒸汽灭菌器管理部门

1）根据国家有关规定，建立完善本机构医学装备管理工作制度并监督执行。

2）负责医学装备发展规划和年度计划的组织、制订、实施等工作。

3）负责医学装备购置、验收、质控、维护、修理、应用分析和处置等全程管理。

4）对医疗器械的安全控制技术全面负责。

5）制定医疗器械安全控制计划、安全操作规程和管理制度。

6）负责对本机构医学装备管理相关人员专业培训。

7）组织医疗器械使用部门和操作人员进行相关技术培训。

8）负责组织医疗器械检测、维护、维修，处理涉及安全与质量的技术问题。

9）制定各种急救及生命支持类医疗器械应急处置预案。

10）组织收集医疗器械安全控制信息，进行年度安全控制评价，向医疗机构医疗器械临床使用安全控制管理组织和医疗机构负责人提交评价报告并提出改进意见。

11）负责建立医疗器械台账和安全控制工作的档案。

12）保障医学装备正常使用。

13）收集相关政策法规和医学装备信息，提供决策参考依据。

14）完成卫生行政部门和机构领导交办的其他工作。

15）贯彻落实有关仪器设备管理的政策法规和管理制度，建立健全及不断完善本院设备管理工作规定和制度，并严格执行。

16）负责医院设备购置计划和经费的审核工作；按管理权限负责设备购置的审批工作以及设备购置管理工作，包括调研、论证、招标、合同、验收等组织管理工作，做到进货渠道合法、质量合格。

17）全院设备家具固定资产纳入账务管理，做到账、物相符，账、账相符；及时完成卫生系统下达的国有资产清查及统计工作。

18）负责设备物资库房的管理工作，加强物流管理，严格出入库账、物的管理程序，加强效期管理，按规定时间盘库，确保库存物资安全。

19）医疗设备的技术支持工作，医疗设备维护、维修和指导使用人员正确使用仪器设备。做好技术档案的收集和管理工作。

20）对分支机构设备物资工作的指导和管理。

21）计量工作管理，做到全院在用计量器具合格。

22）负责设备档案的整理归档，保证设备档案的完整和安全。

23）负责设备家具的报废管理工作，定期统计上报报废设备；按管理权限负责报废设备的审批。

24）负责进口科教设备免税工作。

25）承担医疗设备等相应的科研和教学工作。

26）负责本室业务范围内工作调研、文件起草以及各类资料的归档工作。

（二）设备操作使用部门

1）组织本部门人员学习所使用设备的安全管理制度。

2）组织操作人员接受设备操作规程培训与考核。

3）协同设备管理部门做好设备保养。

4）组织本部门操作人员对使用设备应急演练。

5）设备使用部门应当设专职或兼职管理人员，在医学装备管理部门的指导下，具体负责本部门的医学装备日常管理工作。

6）配合做好灭菌器的安全验证和各项检测工作。

7）严格遵守操作规程，做好质量监测。

8）按要求规范摆放灭菌物品，做好灭菌物品的装载记录。

9）灭菌前进行灭菌安全检查，灭菌后检查水电气等开关是否关闭。

（三）小型压力蒸汽灭菌设备档案管理职责

医疗设备档案的建立过程，历经若干个环节，经过不同的部门人员。为保证档案的真实完整，设备档案管理人员应树立起责任心，负责将本部门的小型压力蒸汽灭菌器逐台建立设备档案，收集有关医疗设备的各类原始凭证报告以及其他管理部所产生的有关单据报表，遂项登记编号，其他管理部门人员也应及时将有关资料转交到档案管理人员手中，使资料有明确的去向。做好设备资料来源的组织、归集记录、加工分析以及归档审定工作，完善设备使用过程的运行记录及相关管理工作，并做好设备档案的管理工作。

1. 医疗设备档案管理要求

将每台医疗设备档案单独立卷，且购置新的医疗设备，就生成新的案卷号。有关该医疗设备的所有资料均成为该案卷中的目录文件，要求如下：

1）在每台设备安装、验收、投入正常使用后两周内，将该设备所有筹购资料整理后全部完整地移交到档案管理人员手中。档案人员应在一周内建档立卷。

2）在每一季度第一周，设备维修管理人员应将有关设备维修、质量检测、计量等资料整理移交给档案管理人员，建立动态管理信息。档案文件目录需每年更新。

3）设备档案可以由单位档案室统一管理，也可以由设备管理部门指定专人管理。

4）档案管理与检索要求二级甲等以上医院实现计算机化管理，建立档案数据库。

5）档案保存期限根据相关法律规定为 15 年。

2. 医院设备管理部门档案管理员职责

1）坚决贯彻执行国家《档案法》及上级部门制定的各项档案管理规章制度。

2）按照《档案管理工作规范条例》，负责对各类档案的接收、分类、编目、编制、检索工具进行科学的系统管理，借出的档案要进行登记，并负责定期追还归档，确保档案齐全、完整。

3）督促各部门及时移交档案资料。

4）熟悉档案管理情况，能及时、准确地提供档案资料。

5）按规定做好档案资料的防火、防盗、防虫、防潮、防尘、防高温等工作。

6）对保管期限已满的档案进行鉴定并负责向主管领导汇报处理。

7）树立和加强保密观念，做好文件、资料、档案的保密保管工作。

（四）设备厂家技术人员

1）灭菌器的安装，应当由生产厂家或者具备相关服务资质的单位负责。

2）应配合医疗机构的设备验收、检测等工作。

3）技术方案制定。

4）设备安装调试。

5）设备巡检及维护保养。

6）设备维修。

四、岗位培训管理

（一）培训的目的

1）通过工作中的培训弥补正规职业教育的不足，以确保员工具备设备管理和维护工作所需的理论知识和技能。

2）提高员工的职业素质，使之了解本专业的新进展、新技术，适应科室发展的需要。

（二）培训规划与年度计划

1）制定年度培训计划，包括专项培训与日常培训。不定期开展日常业务层面培训。还可以参加行业学会、协会等组织的继续教育项目。

2）员工培训计划的内容：明确培训内容、培训教师的人选、具体的培训时间、地点、考核的标准、培训费用的预算等。

（三）培训课程设计与开发

1）入职培训课程，以消毒灭菌知识和特种设备操作管理知识为主，包括压力容器的基础知识、压力容器的结构、压力容器的安全附件、压力容器的法规标准和管理、压力容器的事故及定期检验、压力容器的安全操作及维护保养等。

2）日常培训课程，以实际工作需求为导向设计和开展。

3）法律法规课程可以根据《医疗器械监督管理条例》《医疗器械临床使用安全管理规范》《医疗器械使用质量监督管理办法》及《中华人民共和国计量法》等相关法律法规进行设计与开发。

4）医疗器械专业实务课程可以根据《医疗器械安全管理》《医疗器械风险管理对医疗器械的应用》《医疗器械质量管理体系用于法规的要求》等相关标准进行设计与开发。

五、考核方式

考核方式如下：

1）调查问卷方式。

2）实行理论考试。

3）实行理论与实操相结合的考核方式。

4）为了提高培训针对性、有效性，开展反应评估、学习评估、行为评估和效果评估等。

第七节　信息追溯、预警

为提高医院工作效率，医院积极开展信息化建设，将信息追溯技术引入医院各科室管理中，科学合理应用信息追溯技术不仅有利于医院工作效率的提升，对于促进医院信息化建设也具有重要意义。

一、追溯的方式

追溯的方式如下：

1）手工纸质追溯。

2）信息化系统追溯。

二、手工纸质追溯内容

手工纸质追溯的记录中可以看到以下数据：

1）设备编号。

2）批次编号。

3）运行程序的名称。

4）达到的灭菌值（灭菌参数：灭菌时的温度、压力、时间及各临界点的值）。

5）操作人员名称（灭菌者签名、审核者签名）。

6）灭菌日期。

7）灭菌物品的类别（如手术室敷料、病房器械等）。

三、信息化系统追溯内容

（一）追溯系统的网络拓扑图

追溯系统的网络拓扑图如图 2-4 所示。

（二）追溯系统的模块介绍

追溯系统的模块如图 2-5 所示。

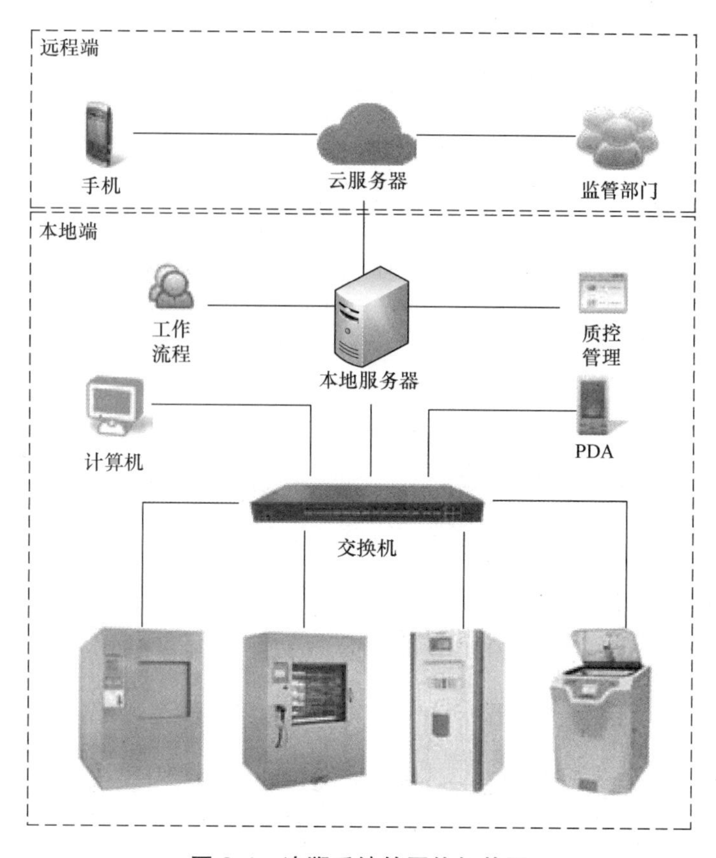

图 2-4　追溯系统的网络拓扑图

图 2-5　追溯系统的模块介绍

1. 回收模块

回收模块一般分有条码回收和无条码回收功能。

（1）有条码回收　登录回收人员账号后，打开“回收 / 外来器械”模块扫描包条码，关联清洗网篮，单击“提交”按钮即可，如图 2-6 所示。

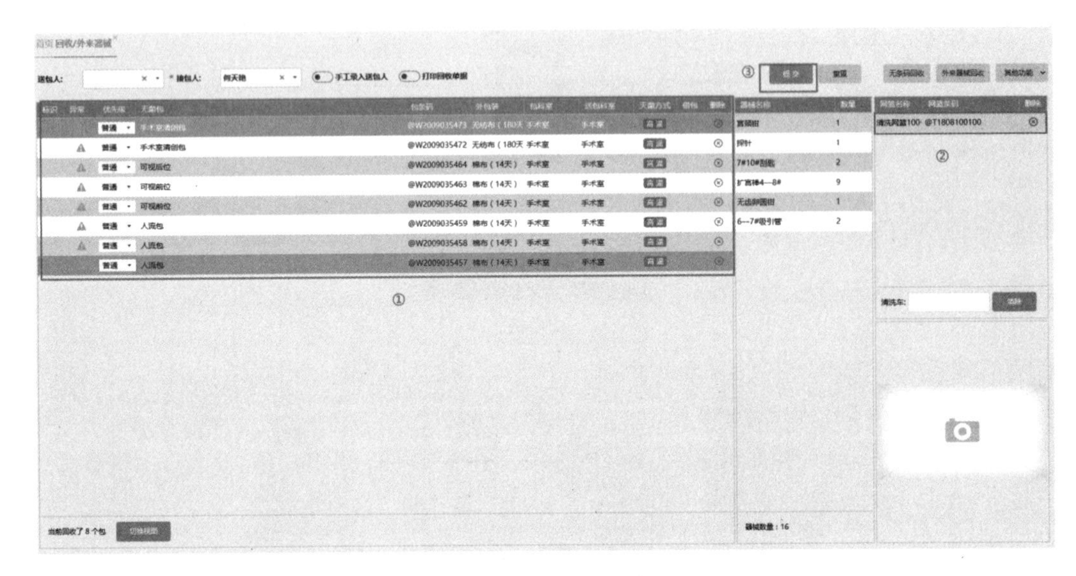

图 2-6　有条码回收

（2）无条码回收　登录回收人员账号后，打开“回收 / 外来器械”模块，单击“无条码回收”按钮，如图 2-7 所示。

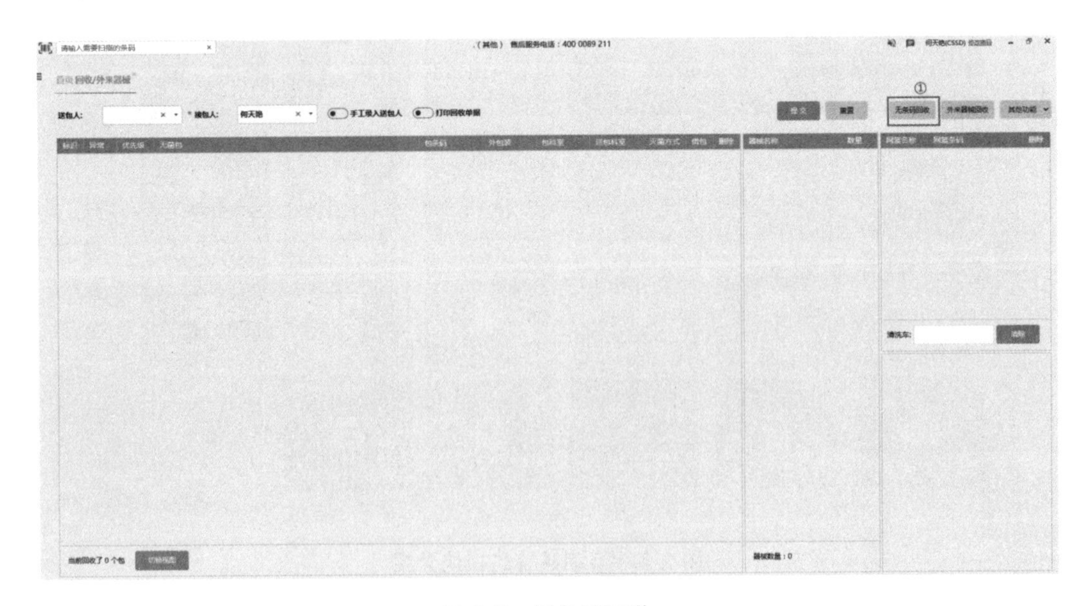

图 2-7　无条码回收

通过“首字母检索”选择需要回收包的所属科室，完成后通过“首字母检索”选择需要回收的包名称，填写对应的数量，单击“提交”按钮，如图 2-8 所示。

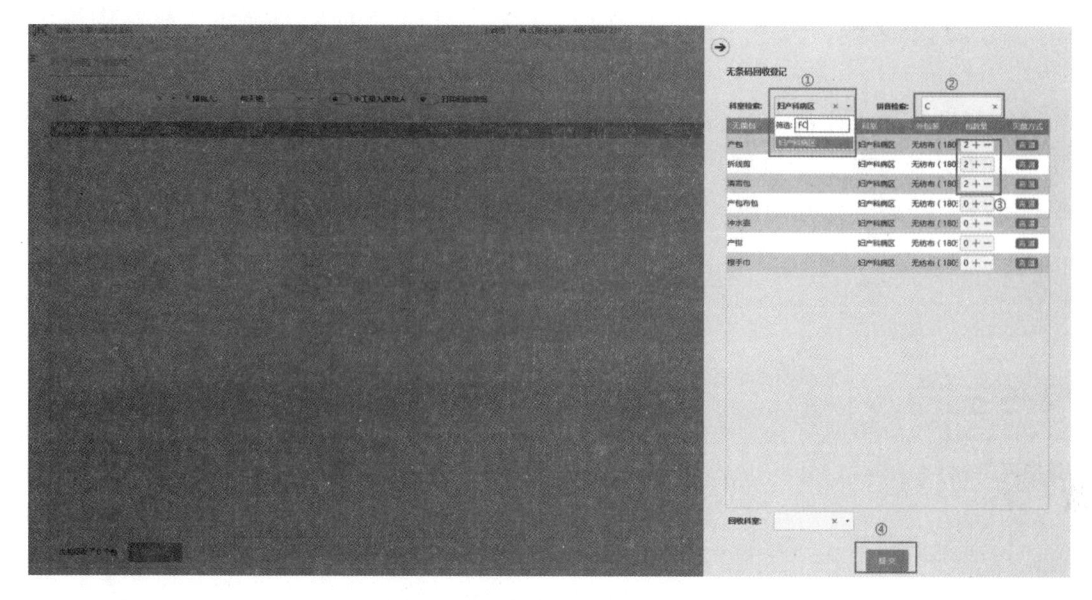

图 2-8 选择需要回收的包名称并填写对应的数量

数据提交完成后，需先关联清洗网篮，再单击“提交”，如图 2-9 所示，否则，后续的清洗无法进行。

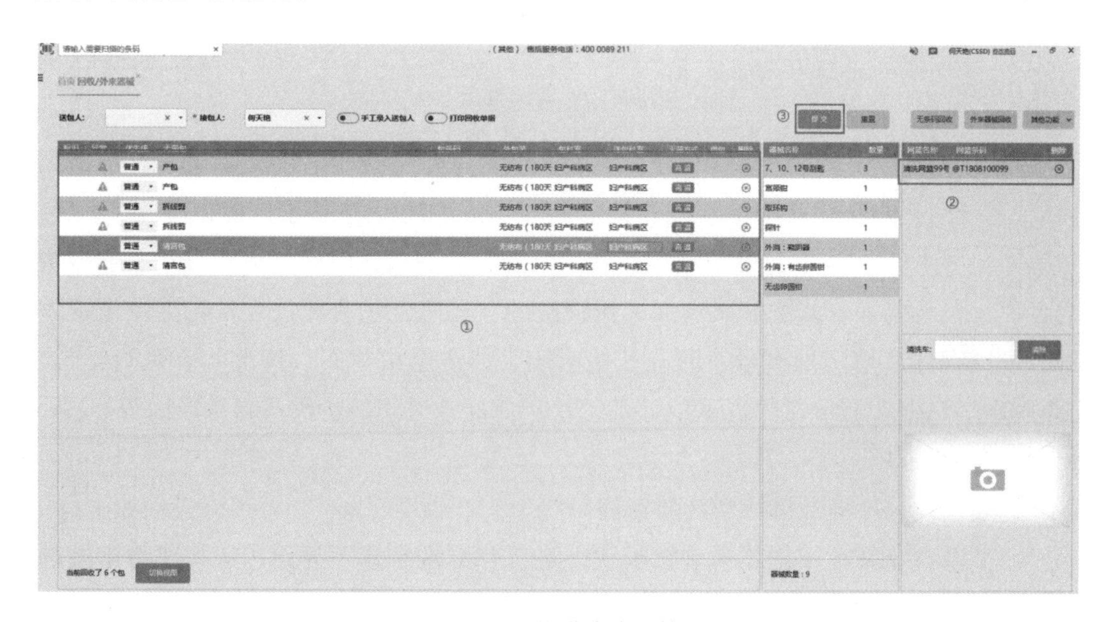

图 2-9 关联清洗网篮

2. 清洗模块

清洗模块一般包括清洗登记、清洗记录管理。

（1）清洗登记　回收完成的物品在“清洗”登记界面会有显示，显示内容为“待清洗网篮名称和网篮所关联包明细”，说明此物品准备进入清洗环节。先选择清洗方式，再选择“待清洗网篮”，最后单击“提交”按钮即可，如图 2-10 所示。

清洗方式常规分为机械清洗、手工清洗、手工加机械清洗等，具体清洗网篮选用的清洗方式以及清洗程序，由清洗人员对系统下达执行程序指令。

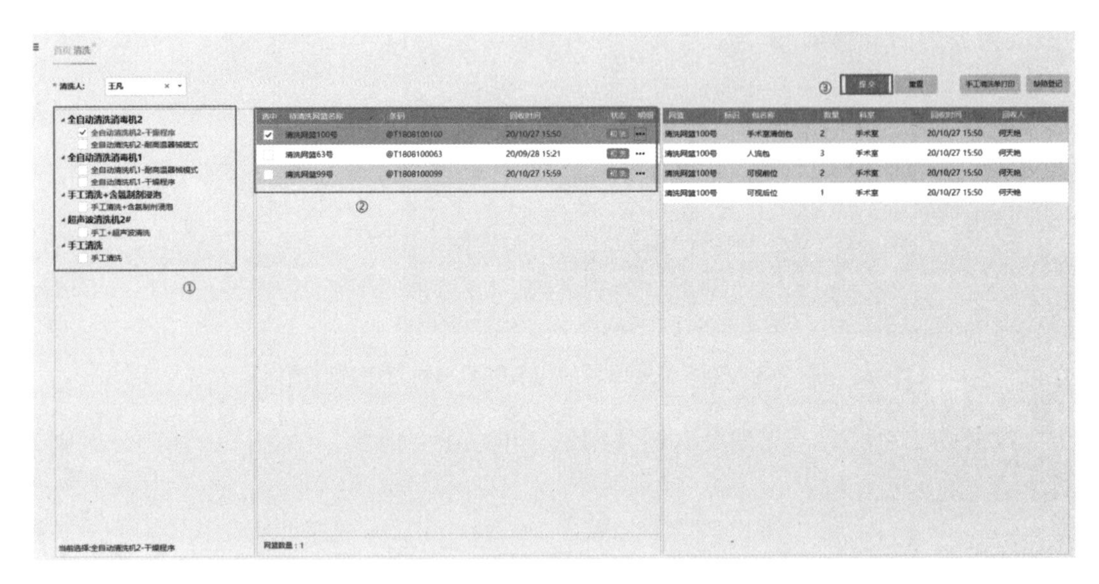

图 2-10　清洗登记

（2）清洗记录管理　既然有登记，就必然有记录可查（清洗记录应具有可追溯性），系统为用户提供详细的清洗登记信息即设备追溯，过往清洗记录，一目了然，如图 2-11 所示。内容应包括清洗操作者、清洗日期、清洗时间、清洗方式、器械包的名称、包条码等。清洗方式选择机械清洗的，还应记录有清洗设备名称及设备编号、清洗程序、清洗批次号、清洗开始时间、清洗结束时间、清洗状态是否正常、AO 值等，或是出现异常情况后的详细记录，如异常时间的阶段及异常原因等。

3. 包装模块

包装模块包括清洗审核和配装管理。

（1）清洗审核　单击“包装”模块，进入“清洗审核”界面，选择“待审核网篮”，对清洗完成的网篮进行审核，如图 2-12 所示。

1）清洗审核合格，可进入配包环节。

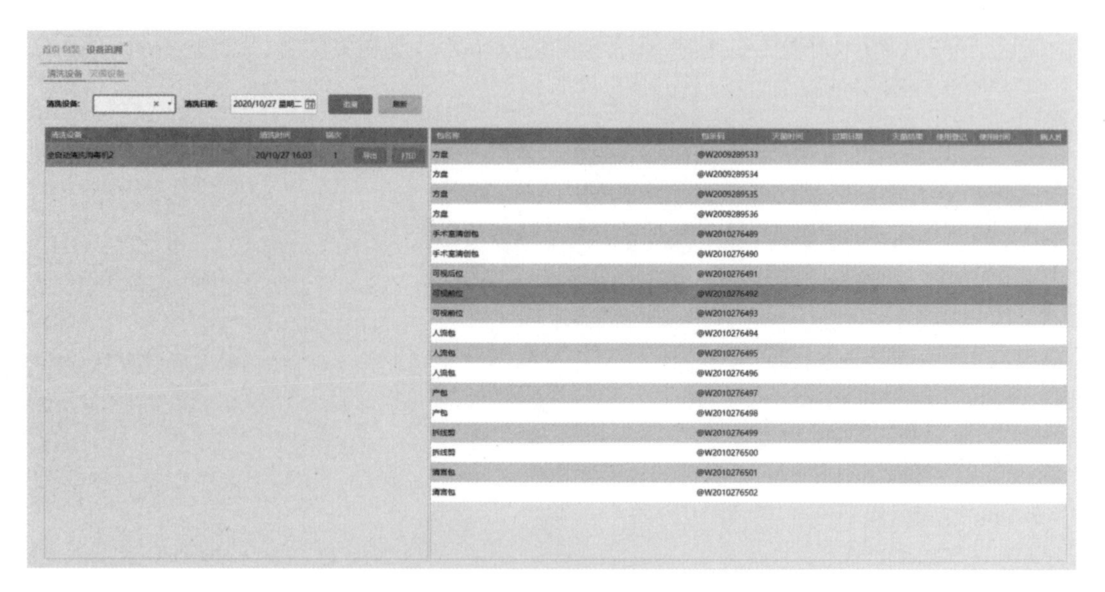

图 2-11　清洗记录管理

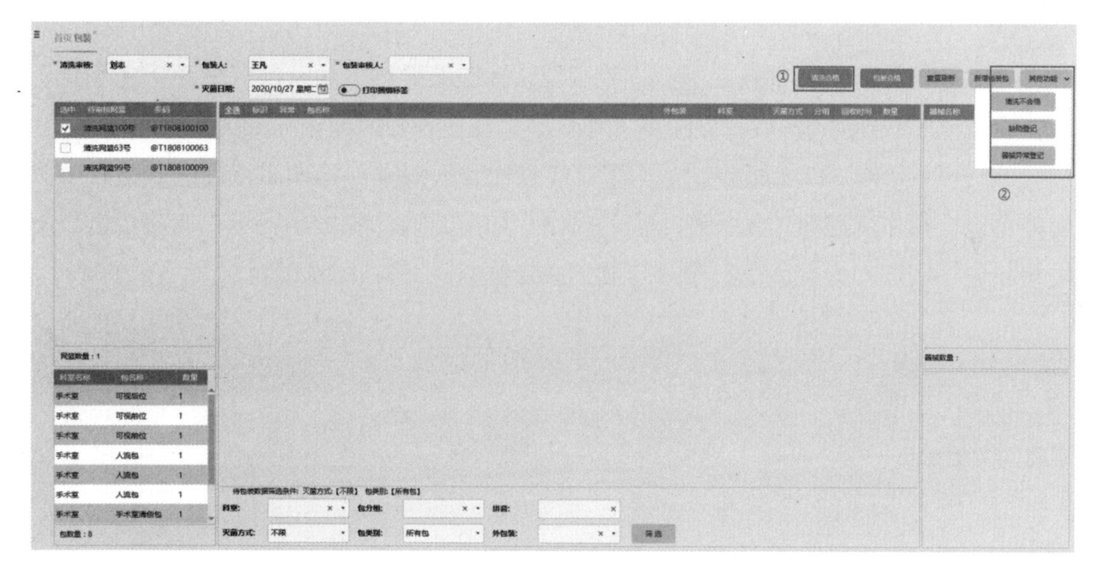

图 2-12　清洗审核

2）清洗审核不合格，会自动回到清洗界面进行返洗。

3）缺陷登记。

4）器械异常登记。

（2）配装管理　配装管理一般包括装配检查、接收配装等。

1）装配检查。配装检查需要包经过回收清洗等一系列的流程才能到配装检查界面。如图 2-13 所示，清洗审核合格网篮内的包会自动显示到包装界面，可逐一选择或全选后，单击“包装合格”按钮，系统会自动打印无菌包相关信息，含可扫描的条码。

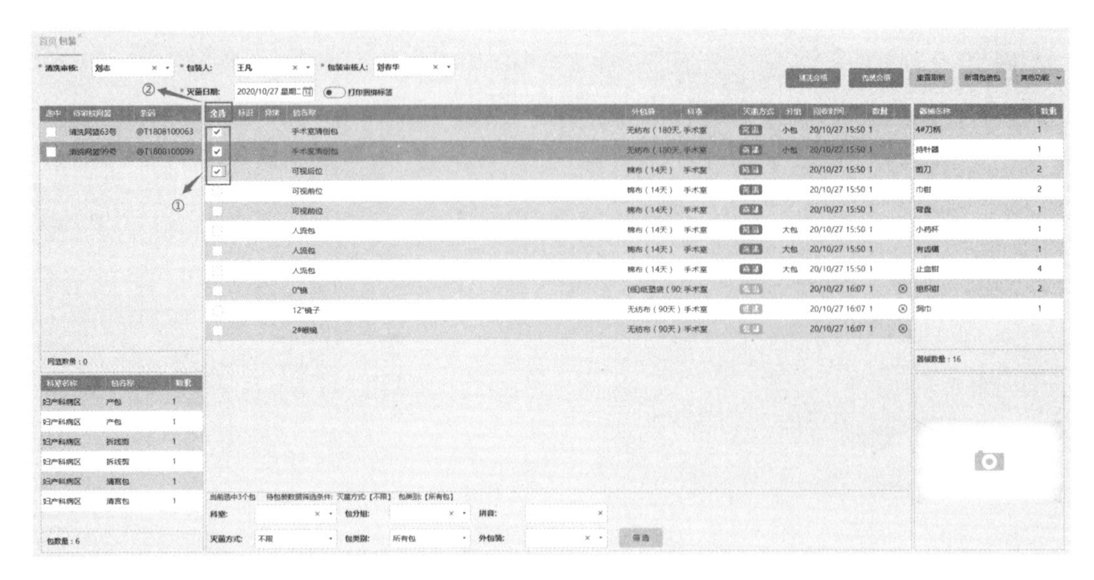

图 2-13　装配检查

追溯系统的配装检查包含了分步包装及快速包装两种方式，前者更注重精细化管理，注重流水线作业；而后者更注重工作效率，注重在短时间内完成大量的包装工作。

2）接收配装。接收配装针对不需要经过回收、清洗等操作而直接进入配装阶段的消毒包，操作流程同“无条码回收”操作。如图2-14、图2-15所示，直接单击“新增包装包”按钮，进行“科室检索”或“拼音检索”，选择需要的包，填写数量即可。

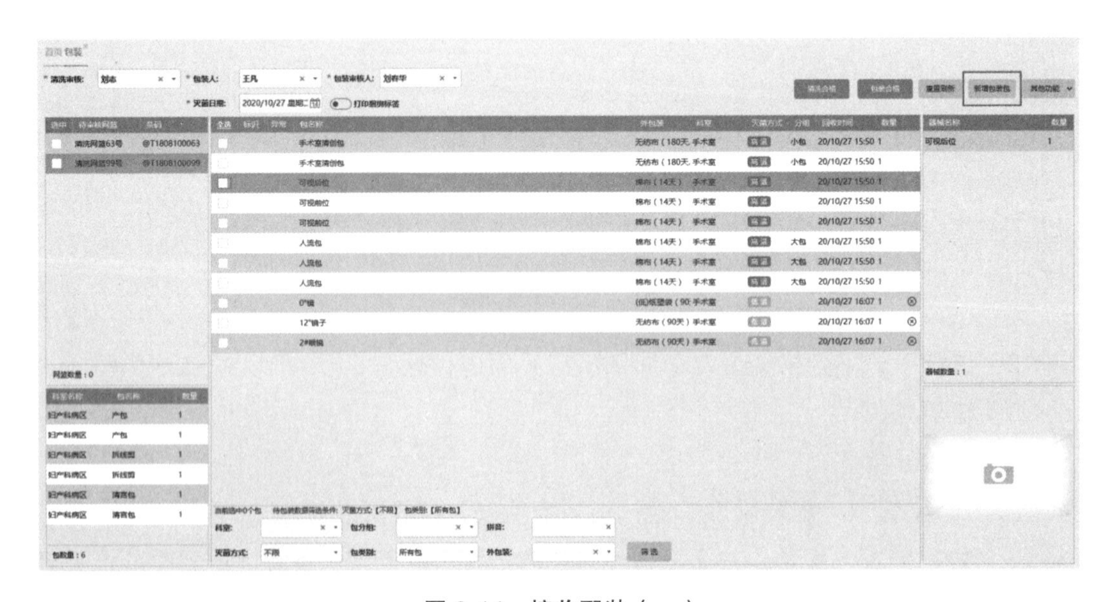

图 2-14　接收配装（一）

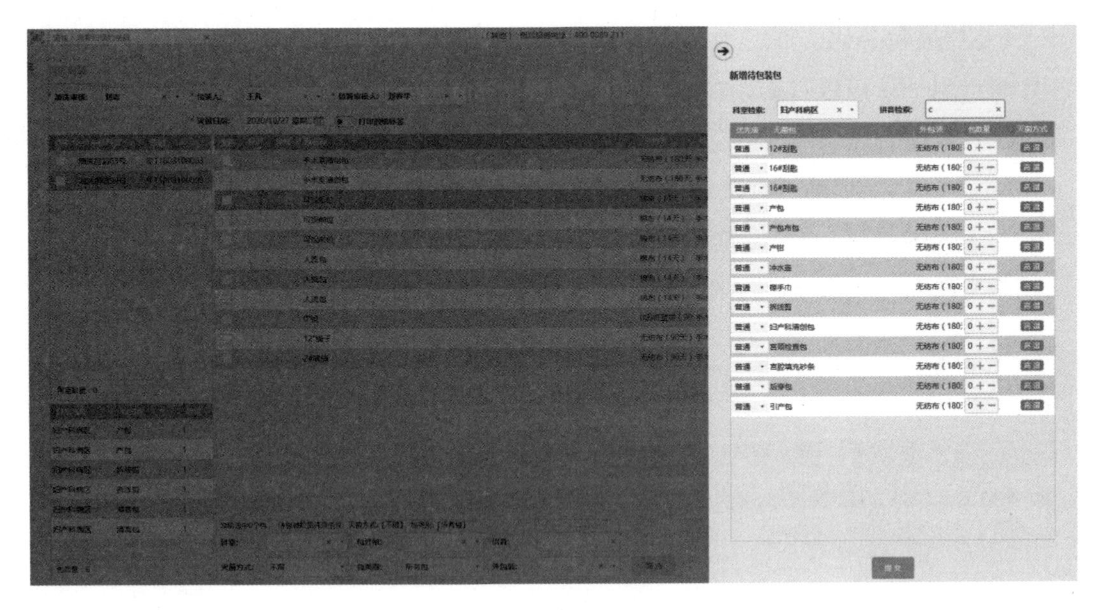

图 2-15　接收配装（二）

4. 灭菌管理

灭菌管理模块一般包含灭菌登记、灭菌监测、灭菌记录管理、高低温自动阻断等。

（1）灭菌登记　配装完成的物品会显示在灭菌登记界面，说明此物品准备进入灭菌环节。先选择灭菌器，再将灭菌包在系统登记，如图 2-16 所示。灭菌包的登记分为扫描包条码及手工批量选择。

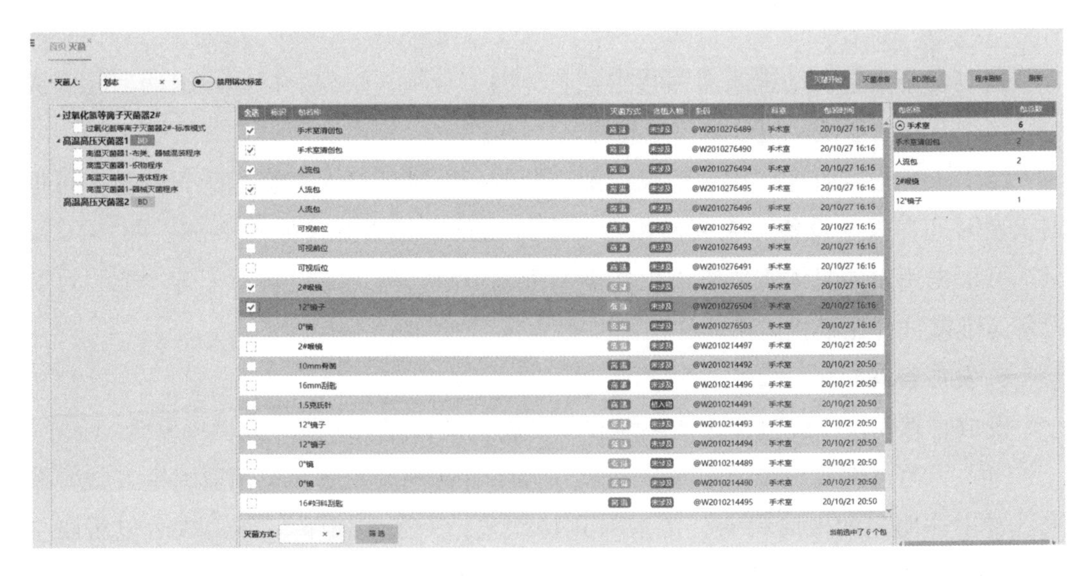

图 2-16　灭菌登记

1）扫描包条码。在“灭菌”界面，逐一扫描每个包，每扫描一个包，则会在该界面出现一条该包数据。数据包括：包名称、灭菌方式、是否含植入物、所属科室、包装时间、包条码等信息。

2）手工批量选择。直接选择需要灭菌的包即可。

（2）灭菌监测　灭菌监测包括B-D、物理、化学、生物监测等，根据设定所需，宜有监测提醒，并逐一进行监测及结果的判定，如图 2-17 所示。

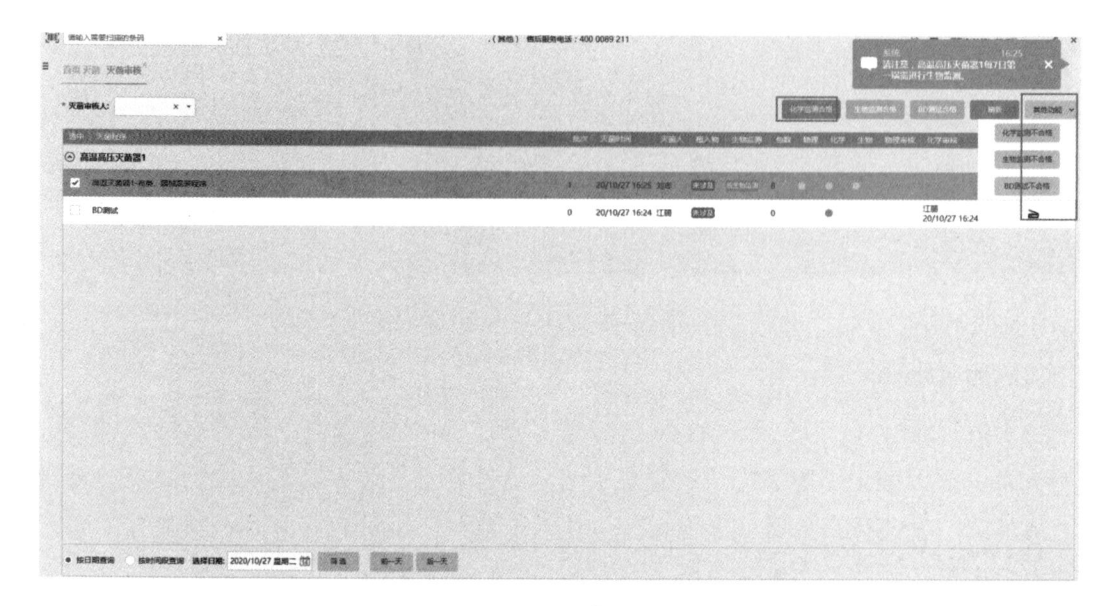

图 2-17　灭菌监测

监测合格则包自动进入库存状态；若监测不合格，则需根据情况退回回收区或包装区进行重新清洗、包装或灭菌操作。

（3）灭菌记录管理　灭菌记录详细记载着所有进行过灭菌登记的灭菌包，可根据灭菌时间、灭菌设备、灭菌操作者等筛选条件进行查询，如图 2-18、图 2-19 所示。可根据用户的具体需要筛选出所需的灭菌记录。另也有设备管理等功能，可对设备的维修进行无纸化记录。

5. 发放管理

发放管理模块一般包含无菌包发放、发放记录管理、库位、无菌库管理。

（1）无菌包发放　无菌包发放一般分为按所属科室发放和按领取科室发放。系统设置中注明包的专属科室，常为专科特殊包，一般情况下只可发放至包所属科室，如图 2-20 所示，否则系统会有提示。若特殊情况下需将专属包扫描发放到其他科室时，需在系统提示后，进行特殊事项的相关情况说明。

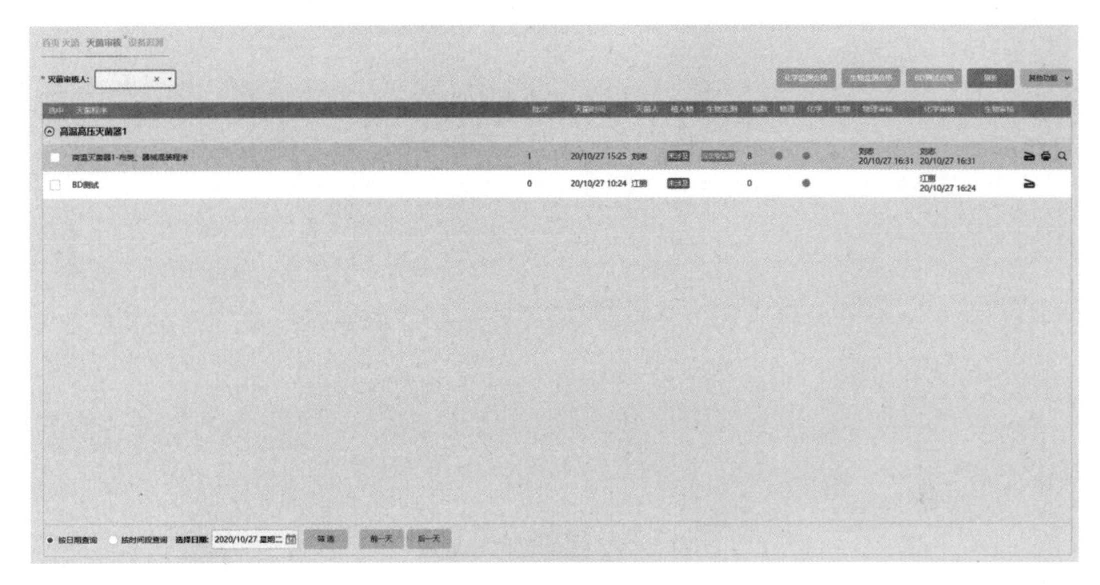

图 2-18　灭菌记录管理（一）

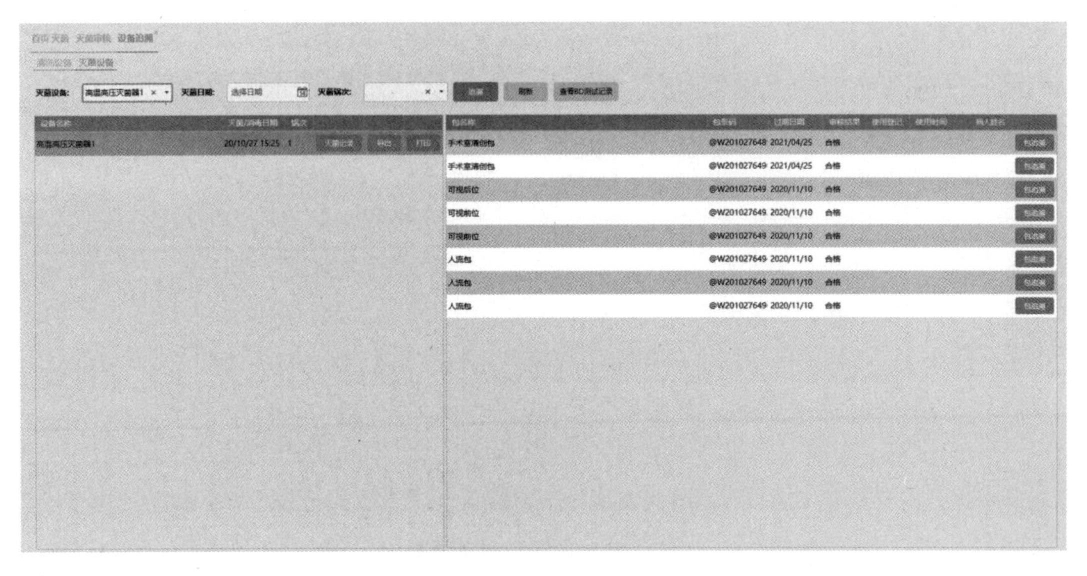

图 2-19　灭菌记录管理（二）

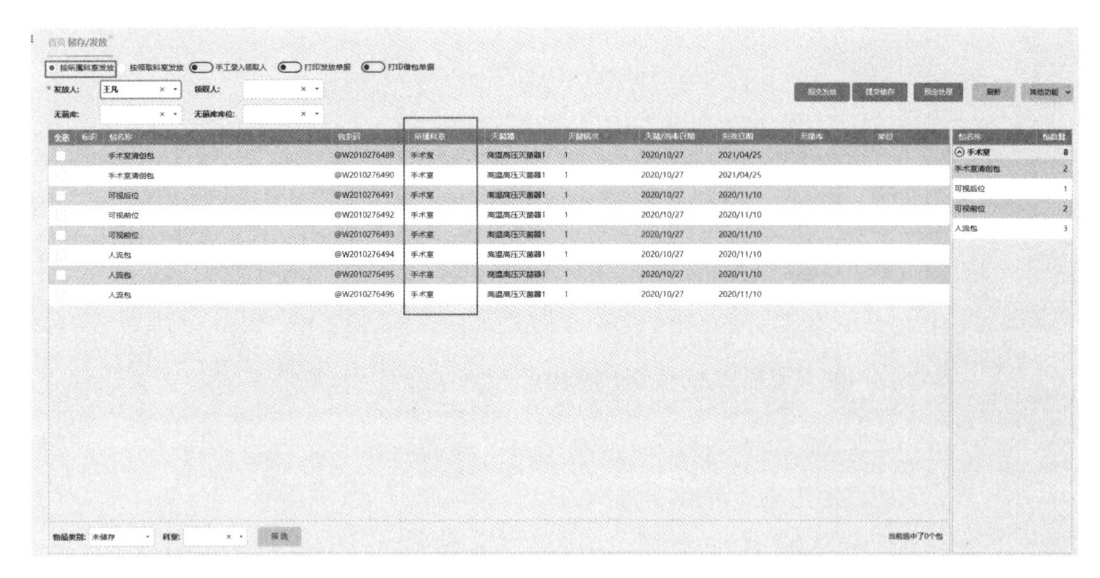

图 2-20　按所属科室发放

如图 2-21 所示，按领取科室发放，即可将任意包发放至指定科室，常用于通用包，如换药包等。

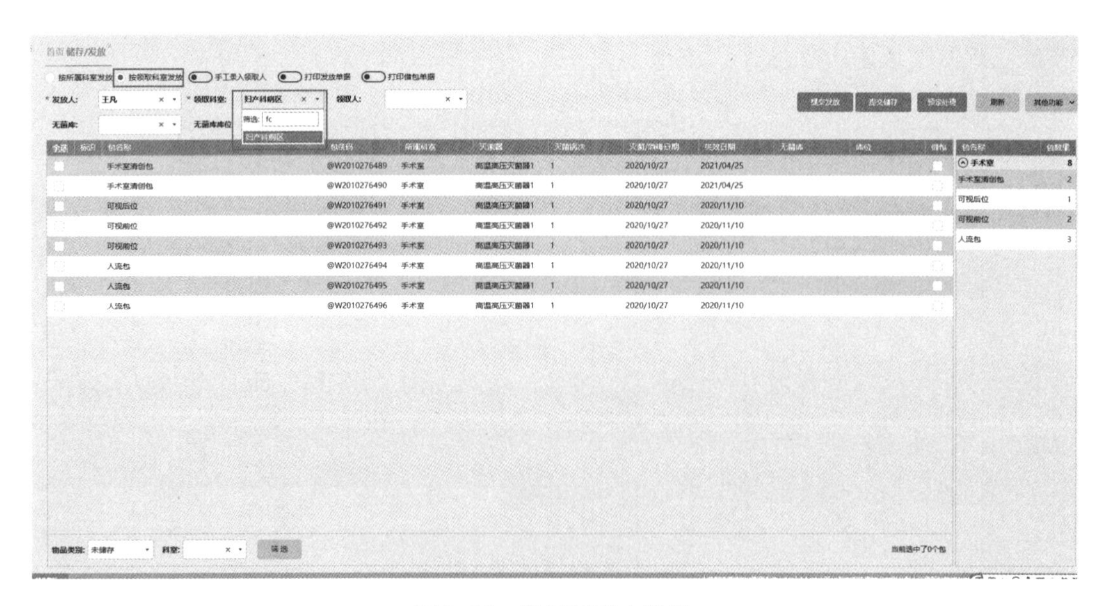

图 2-21　按领取科室发放

（2）发放记录管理　对完成发放操作的无菌包，可通过时间、科室、包名称等相关信息进行筛选查询，如图 2-22 所示。

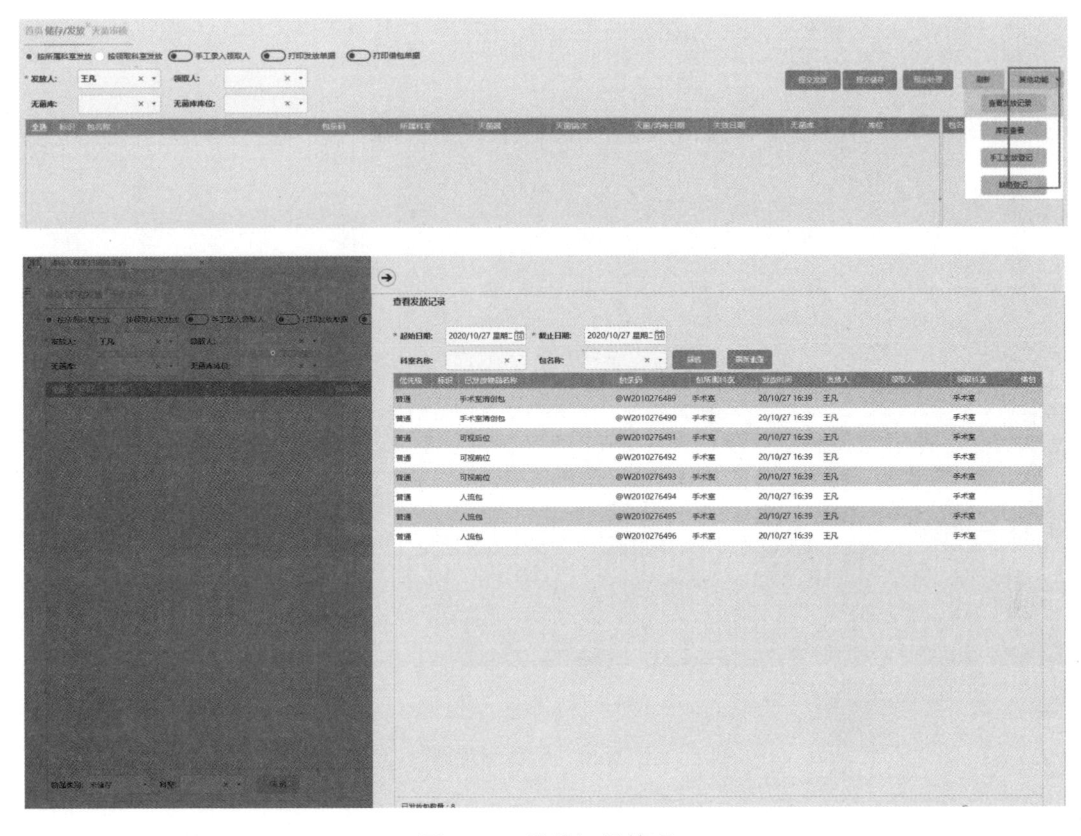

图 2-22　发放记录管理

（3）库位、无菌库管理　大型医院的无菌库储存量较大，若采取传统的逐一查找的方法，往往难以在短时间内找到需要的无菌包。库位管理为用户提供了快速定位无菌包位置的功能，减少了用户因为寻找无菌包所浪费的时间，如图 2-23 所示。

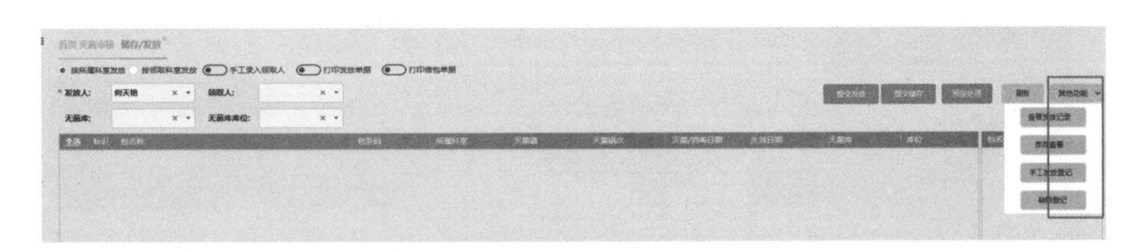

图 2-23　库位管理

无菌库管理不仅为用户提供了库存查看功能，更为用户提供了过期预警及库存上下限预警功能（可自定义预警限期），及时提醒用户做出相应处理，如图 2-24 所示。

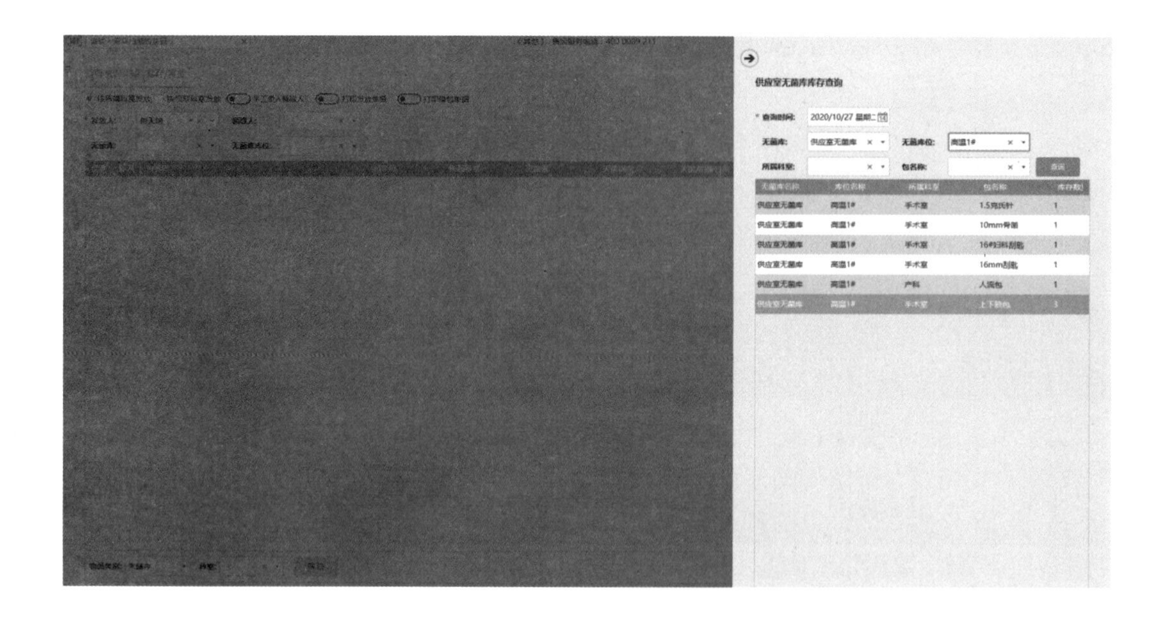

图 2-24　无菌库管理

6. 追溯

无菌包追溯（见图 2-25）、病人追溯、设备追溯可实现相互跳转。

图 2-25　无菌包追溯

四、信息化追溯系统基本功能要求

宜将 CSSD 设备使用需求纳入信息化建设规划，采用数字化信息系统对 CSSD 进行管理。CSSD 信息系统基本要求参见 WS 310.1—2016 附录 A。

CSSD 信息系统基本功能包括管理功能和质量追溯功能。

1. 管理功能

（1）对管理功能的要求　CSSD 信息系统基本功能中，对管理功能的要求如下：

1）CSSD 人员管理功能，至少包括人员权限设置，人员培训等。

2）CSSD 物资管理功能，至少包括无菌物品预订、储存、发放管理、设备管理、手术器械管理、外来医疗器械与植入物管理等。

3）CSSD 分析统计功能，至少包括成本核算、人员绩效统计等。

4）CSSD 质量控制功能，至少包括预警功能等。

（2）CSSD 质量可追溯功能内容

1）记录可重复使用器械物品处理各环节的关键参数，包括回收、清洗、消毒、检查包装、灭菌、储存发放、使用等信息，实现可追溯。

2）追溯功能通过记录监测过程和结果（监测内容参照 WS 310.3），对结果进行判断，提示预警或干预后续相关处理流程。

2. 质量追溯功能

记录复用无菌物品处理各环节的关键参数，包括回收、清洗、消毒、检查包装、灭菌、储存发放、使用等信息，实现可追溯。

追溯功能通过记录监测过程和结果（监测内容参照 WS 310.3），对结果进行判断，提示预警或干预后续相关处理流程。

质量追溯的技术要求如下：

1）对追溯的复用无菌用品设置唯一性编码。

2）在各追溯流程点（工作操作岗位）设置数据采集终端，进行数据采集形成闭环记录。

3）追溯记录应客观、真实、及时，错误录入更正需有权限并留有痕迹。

4）记录关键信息内容包括：操作人、操作流程、操作时间、操作内容等。

5）手术器械包的标识随可追溯物品回到 CSSD。

6）追溯信息至少能保留 3 年。

7）系统具有和医院相关信息系统对接的功能。

8）系统记录清洗、消毒、灭菌关键设备运行参数。

9）系统具有备份防灾机制。

五、信息化追溯系统物理参数的预警

（一）人员的预警

1）包装时，系统设置的包装人和审核人不能为同一人。如果扫描的包装人和审核人为同一人时，系统会自动阻断并给出提示信息，如图 2-26 所示。

图 2-26　提示信息

2）灭菌时，系统内会对操作人员进行各项操作的权限进行设置，若进行灭菌操作时，扫描的人员条码不是灭菌员时，该操作者将无法显示在灭菌界面，灭菌操作也就无法进行。

（二）灭菌物品类型的预警

当实际操作扫描的灭菌物品类型与系统设置中的不一致时（如环氧乙烷灭菌物品扫描进入高温灭菌器），系统会自动阻断提交灭菌请求，并给出具体包条码信息，包括：灭菌包名称、包条码、错误代码及错误原因等，如图 2-27 所示。

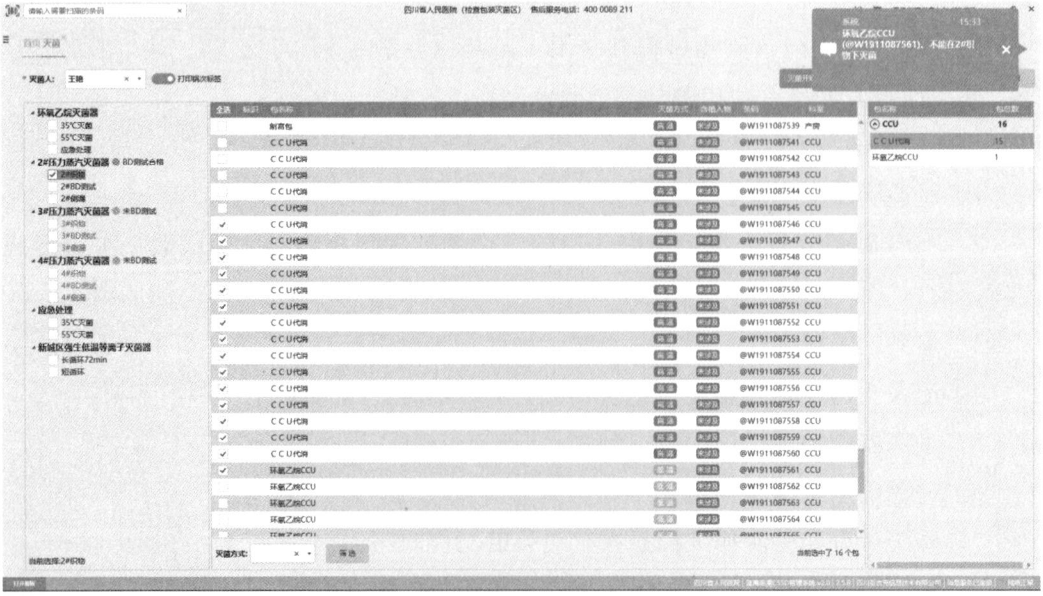

图 2-27　灭菌物品类型的预警

（三）无菌包有效期预警和设备维保预警

（1）无菌包有效期预警　系统登录时，会自动弹出有效期限不足的无菌包信息（可自定义有效期限）。

（2）设备维保预警　系统登录时，会自动弹出设备需要维护保养的信息，如图 2-28 所示。

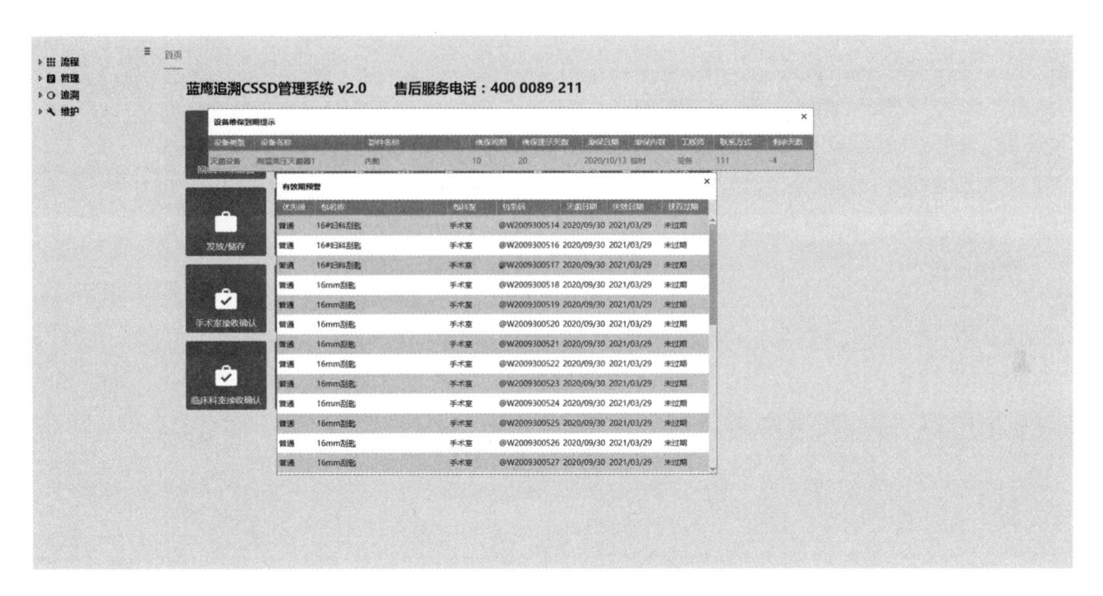

图 2-28　设备维保预警

第三章 Chapter

小型压力蒸汽灭菌器的质量管理 3

第一节 小型压力蒸汽灭菌器的风险管理

一、小型压力蒸汽灭菌器的风险管理概述

小型压力蒸汽灭菌器以灭菌效果可靠、适用范围广、安全无残留、价格低廉等优点著称，是医疗卫生行业主要的灭菌方式，国内大中型医院均会配备多台小型压力蒸汽灭菌器。

（一）小型压力蒸汽灭菌器的风险分类

小型压力蒸汽灭菌器是一种具有潜在性爆炸危险的特殊设备。一旦发生故障，不仅设备本身遭到破坏，还会破坏周围设备和建筑物，甚至诱发一连串恶性事故，如烫伤、烧伤，甚至更为严重的火灾，造成人员伤亡、重大损失等。

小型压力蒸汽灭菌器运行时所涉及的风险主要包括电、汽、水及其他方面。

1）电源方面：电动机着火、线路老化着火等。

2）蒸汽方面：蒸汽泄漏烫伤等。

3）水源方面：水管爆裂等。

4）其他方面：安全阀、传感器故障等造成超高压状态致灭菌器爆炸等。

（二）小型压力蒸汽灭菌器的风险分析（见表 3-1）

表 3-1 小型压力蒸汽灭菌器的风险分析

项目	因素	影响事项	影响力
设备性能	温度范围	超过温度范围，会导致设备无法正常运行	中

（续）

项目	因素		影响事项	影响力
设备性能	压力范围		超过压力范围，会导致设备无法正常运行	中
	蒸汽压力范围		超过蒸汽压力范围，蒸汽安全阀已失去效用，对操作人员伤害大，超过设备设计压力会导致不能正常运行	中
	拆卸、安装		拆卸和安装过程中直接接触药液的部件被污染，不易清洗	中
	仪器仪表		重新安装后未校验或校验失败，因此计数不准确	中
	公用介质	电源	停电时，应提前通知，以免造成损失	中
		蒸汽	蒸汽不稳时，操作难度加大	中
	使用年限		设备已使用过一段时间后，设备使用过程中损坏的概率增加，易对生产造成中途停止的结果	中
人员操作	人员卫生		洁净区要求洁净度高，人员工作服带来的污染	中
	清洁操作		未严格执行操作规程，因此清洁不彻底，造成污染	中
	生产过程		因设备摆放位置的更改，缺乏实际操作而造成清洁或生产操作不符合规定	中
	清洗残留		残留限度设定不合理，不能有效消减残留风险	高
环境安全	使用安全		使用后，待压力表显示为“零”后才能开门，否则会造成事故	中

二、小型压力蒸汽灭菌器安全综述

（一）小型压力蒸汽灭菌器安全管理的发展路径

基于危险源辨识和风险评价的安全监管，应用全面风险辨识、科学风险分级评价将对小型压力蒸汽灭菌器安全监管的效率和科学性起到积极的作用。例如基于风险评估的设备检验技术（RBI 技术），它是一种基于风险的评价技术。该项技术通过对设备或部件分析，确定关键设备和部件的破坏机理和检查技术，优化设备检查计划和备件计划，为延长设备运转的周期、缩短检修工期提供科学的决策支持。

（二）国外小型压力蒸汽灭菌器的安全监管模式

1. 美国小型压力蒸汽灭菌器的安全监管模式

利用权威的民间机构统一全国技术机构资格和人员资格，统一全国的设计、制造和检查标准。整个小型压力蒸汽灭菌器安全监管体系充分发挥民间机构在统一资格、统一标准方面的优势，以及监管机构执行法规的强制力优势，体现优势互补。美国小型压力蒸汽灭菌器安全监管体系是历史上逐步形成的，最后构筑成为一个相互渗透、相互制约、兼顾各方利益的体系。

2. 欧盟小型压力蒸汽灭菌器的安全监管模式

以德国为代表的欧盟小型压力蒸汽灭菌器安全监管可简要概括为“政府监管、授权非营利组织检验”的模式。

1）政府部门主要依靠完善的法律法规，对小型压力蒸汽灭菌器安全进行统一的管理。

2）生产和使用单位法制意识强，安全生产主体责任落实到位。

3）充分发挥专业检验检测机构的作用，提高日常监管的效果。

3. 日本小型压力蒸汽灭菌器的安全监管模式

日本的小型压力蒸汽灭菌器安全监察工作可概括为“政府主管、非营利组织实施”的模式。首先是通过法规实行政府全过程的严格监督控制，然后是协会等非营利组织作为利益集团确定行业标准，并授权实施。其安全标准的法规详细具体，更新及时，脉络清晰。

（三）我国小型压力蒸汽灭菌器的安全监管

1. 安全监管体制

小型压力蒸汽灭菌器的使用涉及面广，具有特殊的专业技术性，同时存在潜在的高危性，它的安全监管问题一直备受关注。2001 年 4 月，原国家质量监督检验检疫总局成立，内设有锅炉压力容器安全监察局，行使特种设备安全监察的职能。2003 年，以《特种设备安全监察条例》出台为标志，小型压力蒸汽灭菌器安全监管的制度建设走向正轨。我国首次以行政法规的形式明确了特种设备的概念，建立和完善了行政许可和监督检查两项基本制度，逐步形成了政府统一领导、部门依法监管、使用单位全面负责、检验机构把关的特种设备安全监察新格局。

2. 安全监管机制

（1）构建三个工作体系

1）构建法规标准体系。特种设备法规标准体系是实现小型压力蒸汽灭菌器依法监管的基础。根据我国特种设备法制建设现状和需要，抓紧构建以法律法规为依据、以小型压力蒸汽灭菌器安全技术规范为主要内容、以标准为基础的小型压力蒸汽灭菌器安全监察法规标准体，实现小型压力蒸汽灭菌器安全监察工作有法可依、有章可循。

2）构建动态监管体系。小型压力蒸汽灭菌器动态监管体系是实现小型压力蒸汽灭菌器有效监管的基础，是建立长效监管机制的必然要求。要充分发挥市场监管系统的作用，并适时掌握小型压力蒸汽灭菌器的安全状况，及时排除故障，发现并消除事故隐患，有效控制事故发生率。

3）构建安全评价体系。安全评价体系是实现小型压力蒸汽灭菌器科学监管的基础，是政府安全监管决策的重要依据。根据小型压力蒸汽灭菌器的安全状况等级，制定有针对性的监管方式，并建立和完善安全监察体系和工作机制。

（2）落实三方安全责任　实现小型压力蒸汽灭菌器安全运行，必须按照《特种设备安全监察条例》的规定，明确职能，制定措施，切实落实小型压力蒸汽灭菌器安全工作的三方责任，即小型压力蒸汽灭菌器生产（含设计、制造、安装、改造、维修）、使用单位对小型压力蒸汽灭菌器安全负全面主要责任，检验检测机构负有技术把关的责任，各级市场监管部门负有依法监管的责任，以强化责任的管理理念，促进小型压力蒸汽灭菌器安全工作到位，防止和减少事故的发生。

1）落实生产、使用单位的主体责任。小型压力蒸汽灭菌器生产、使用单位是小型压力蒸汽灭菌器质量和运行安全的责任主体。强化和落实小型压力蒸汽灭菌器生产、使用单位的安全主体地位和责任，是做好小型压力蒸汽灭菌器安全工作的基础。

小型压力蒸汽灭菌器生产单位必须依照有关法律、法规和安全技术规范的要求进行生产活动，对其生产的小型压力蒸汽灭菌器的安全性能负责。生产单位应当依法取得相应许可，建立小型压力蒸汽灭菌器生产质量保证体系并有效运转，对医院操作人员进行安全培训并确保持证上岗，保证产品的安全质量符合安全技术规范和标准的要求并具有可追溯性，主动申报产品监督检验或者履行施工告知手续。

小型压力蒸汽灭菌器使用单位必须严格执行有关法律、法规和安全技术规范的规定，保证小型压力蒸汽灭菌器的安全使用。使用单位应当使用符合安全技术规范要求的小型压力蒸汽灭菌器，建立健全使用安全管理制度和岗位安全责任制度，设置安全管理机构或者配备专职（或兼职）安全管理人员，保证在用设备依法登记依法定检，保证操作人员持证上岗，做好防范监控，事故隐患及时排除，保证应急预案建立健全并定期演练，事故发生后必须立即上报、及时采取救援措施并积极配合事故调查处理工作。

各级市场监管部门要加强对小型压力蒸汽灭菌器生产、使用单位的监督管理，严厉查处生产、使用活动中的违法行为，依法追究生产、使用单位及其相关人员的法律责任。

2）落实小型压力蒸汽灭菌器检验检测机构的技术把关责任。检验、检测工作是小型压力蒸汽灭菌器安全监察工作的基础和技术支撑。检验检测机构要认真履行检验技术把关的责任，在督促使用单位依法主动报检的同时，要及时安排检验、检测，确保定期检验、检测率，实现检验、检测工作的有效覆盖；要确保检验、检测工作质量，杜绝因检验、检测把关不严而导致的安全责任事故；要及时将检验、检测中发现的严重事故隐患、重大问题和灭菌检测结果及时告知使用单位并立即报告安全监察机构。

各级市场监管部门要加强对小型压力蒸汽灭菌器检验检测机构的监督检查工作，对检验检测机构及其相关人员违反上述规定，未按安全技术规范进行检验以及未按国家标准进行检测、出具虚假检验报告等违法行为，要严厉查处并依法追究检验检测机构及其相关人员的法律责任。

3）落实各级市场监管部门的监管责任。各级市场监管部门必须依法履行小型压力蒸汽灭菌器安全监察和灭菌效果监督检查职责。严把安全准入关，依法对小型压力蒸汽灭菌器相关单位和人员实施行政许可，强化对鉴定评审机构及其相关人员的监督管理；严把现场安全监察监督关，对小型压力蒸汽灭菌器生产、使用和检验检测活动开展监督检查，严格查处违法行为；按照要求，建立完善使用单位相关部门的应急预案并定期演练。

（3）强化源头治理机制　源头治理的机制就是要做到“源头把关、保证质量”。在小型压力蒸汽灭菌器的整个使用周期中，首先从设备的设计、生产源头把关，严把小型压力蒸汽灭菌器准入关。根据《特种设备安全监察条例》的规定，对小型压力蒸汽灭菌器设计、制造、安装单位和检验检测机构的条件依法开展审查、核准，强化取缔非法设计、非法制造、非法安装小型压力蒸汽灭菌器的行为。

（4）推行全程监控　将全程监控落实到位，不仅要把好源头关口，还要在安装、使用、检验、维修、改造等过程全程监控。根据现行法规，对小型压力蒸汽灭菌器的设计、制造安装、改造、维修、使用、检验检测等环节实行全程安全监察。建立小型压力蒸汽灭菌器行政许可和监督检查两项基本制度，行政许可制度包括生产许可、使用登记、检验检测机构核准、检验检测人员考核等许可制度。监督检查制度包括强制检验制度（生产过程监督检验和使用过程定期检验、检测）、事故调查处理制度、安全监察和检验检测责任追究制度、安全状况公布制度等。同时，要做到动态监管，及时防范。

三、小型压力蒸汽灭菌器风险控制

（一）小型压力蒸汽灭菌器主要风险

1）压力表、安全阀及传感器故障等高危状态时，未采取正确及时的处理措施。

2）电动机故障时，未采取正确及时的处理措施，致使电动机着火。

3）蒸汽管路或设备泄漏蒸汽烫伤工作人员。

4）其他方面如水管爆裂、电源线路老化等多见于管路材质不合格，长期超负荷使用，管路年久失修等情况。

（二）操作人员安全管理

小型压力蒸汽灭菌器属于压力容器，压力容器的使用应符合《特种设备安全监察条例》《固定式压力容器安全技术监察规程》和GB 150《压力容器》的规定。医院消毒供应中心或第三方区域化消毒供应中心应加强医院感染控制，提高管理人员的风险控制能力，增强操作人员的综合能力。小型压力蒸汽灭菌器操作人员是安全生产的执行者，也是监督者，属于特殊岗位人员，如设备操作不当会造成设备损坏、灭菌失败、灭菌器爆炸等安全事故。部门管理人员应对小型压力蒸汽灭菌器操作人员进行科学的培训与管理。

1. 岗位培训

（1）培训要求　小型压力蒸汽灭菌器操作人员可通过参加国家或省、市级消毒供应专业委员会、医院感染专业委员会或相关专业委员会开展的各类培训班，分别进行基础知识和专业知识的岗位技能培训，提高操作人员素质，完善人员知识结构，加强专业人员队伍建设。也可通过单位或科室内部的带教，对理论和设备操作进行讲授、训练，重点是解决日常工作中的难点和容易出现差错的问题，根据不同层次不同设备操作可进行分级分岗的培训方法，培训应具有实用、针对性强的特点。

（2）培训内容

1）压力容器操作培训，并取得市场监督管理部门发放的《中华人民共和国特种设备作业人员上岗证》。

2）国家相关规范及行业标准。

3）建筑布局、工作流程、规章制度。

4）小型压力蒸汽灭菌器基本原理。

5）小型压力蒸汽灭菌器操作及日常维护。

6）灭菌物品的装卸载要求。

7）小型压力蒸汽灭菌器报警判读及处理。

8）小型压力蒸汽灭菌器简单故障排除。

9）灭菌效果监测。

10）突发事件处理应急预案。

11）手卫生的方法及要求。

12）蒸汽基础知识。

13）微生物及消毒学知识。

14）WS 310.1《医院消毒供应中心 第 1 部分：管理规范》。

15）WS 310.2《医院消毒供应中心 第 2 部分：清洗消毒及灭菌技术操作规范》。

16）WS 310.3《医院消毒供应中心 第 3 部分：清洗消毒及灭菌效果监测标准》。

17）WS/T 367《医疗机构消毒技术规范》。

18）GB 15982《医院消毒卫生标准》。

19）WS/T 313《医院人员手卫生规范》。

20）GB 8599《大型蒸汽灭菌器技术要求自动控制型》。

21）《固定式压力容器安全技术监察规程》。

2. 职业防护

消毒供应中心是所在医疗机构重点感控部门之一。针对工作人员须采取有效的预防感染或损伤的措施，加强小型压力蒸汽灭菌器操作人员职业防护知识学习，从而增强对工作环境中职业危险性的认知。设备操作人员一般面对的职业危害风险大概为病毒感染、高温、噪声、负重操作，可根据预期结果的职业暴露选用相适宜的防护用具或采取必要的防护措施。

（1）手卫生　手卫生的目的是为了去除手部的皮屑、污垢及部分暂住菌，切断通过手传播感染的途径，是防止感染扩散最简单有效的措施。设备操作人员在日常工作中难免会接触到医疗器械、器具或无菌物品，通过加强人员手卫生，可直接降低感染发病率，特别是耐药菌株的感染，绝大部分通过人员的手进行传播。手卫生是洗手、卫生手消毒和外科手消毒的总称。卫生手消毒是用速干手消毒剂揉搓双手，以减少手部暂居菌的过程；而外科手消毒是外科手术前医务人员用肥皂（皂液）和流动水洗手，再用手消毒剂清除或杀灭手部暂居菌和减少常居菌的过程。使用的手消毒剂应具有持续抗菌活性。

（2）噪声　噪声属于物理危害因素。小型压力蒸汽灭菌器运行过程中，其环境噪声应小于等于 85dB。真空泵及大功率排风扇等设备都会产生很强的噪声，如长时间暴露在强噪声环境中，人体会出现耳鸣、疲劳、烦躁、头痛，甚至引起听力减退。在日常灭菌工作中尽量减少噪声的产生。要养成定期保养和检查设备的习惯，让灭菌器真空泵一直处于良好的运行状态，合理安排工作量，避免设备超负荷运转。对产生噪声的设备使用完毕后及时进入待机状态。如无法避免过大噪声，应在工作时佩戴耳塞或耳罩类防护用品。

（3）烫伤　小型压力蒸汽灭菌器灭菌介质为高温蒸汽。在灭菌器无蒸汽泄漏时，也会因区域内局部热能传导导致烫伤。操作人员进行物品装载或卸载时，应做好自身防护，穿长袖工作服，戴加厚的防高温手套。打开灭菌器舱门时，应保持一定距离，避免内腔蒸汽从舱门溢出造成烫伤。灭菌器周围的不锈钢隔断也应贴上防烫伤的警示标识。灭菌完毕的无菌物品可在灭菌架上冷却后再进行卸载。如不慎被烫伤，应立即用冷水冲洗，降低被烫皮肤表面温度，烫伤严重者应立即就医。

（4）负重操作　移动较大、较重灭菌物品或灭菌推车等物品时，防止工作人员腰部扭伤或肢体肌肉拉伤，应根据身体力学原理，运用正确的提、拉、推、伸等技巧，必要时可两人合力搬运。

3. 岗位操作原则

安全操作灭菌器，设备运行中应坚守岗位，认真巡查灭菌参数的变化，保证灭菌器的正常运行，防止突发事件发生。落实灭菌器工作前准备工作达到要求，包括水、电和蒸汽等各项技术参数符合灭菌工作要求。能正确执行操作灭菌器的操作规程，能判断灭菌器常见的故障和日常维护。做好灭菌器运行过程的物理监测，并做好记录。正确装载和卸载灭菌物品，并评估灭菌效果，不合格物品不得发放，并报上级主管。预防非安全事件的发生，发生突发事件时，正确执行应急预案，确保安全。

4. 岗位管理

小型压力蒸汽灭菌器操作人员应具有安全工作意识，能及时处理安全隐患。消毒灭菌工作必须遵循国家相关法律、法规以及医院政策的规定。接受医院感染基础知识的培训，并考核合格。具备压力容器上岗证，能安全操作压力容器。接受本岗位相关知识与技能操作的培训，并考核合格。具有判断灭菌器及相关配件故障的能力。具有能判断灭菌物品是否合格的能力，对不合格的灭菌物品有权停止发放，并报告和记录。

（三）灭菌器安全使用风险管理

小型压力蒸汽灭菌器属于压力容器，如超压运行，有爆炸风险。蒸汽泄漏也会对操作人员造成伤害。因此，在使用灭菌器前、灭菌器运行期间、灭菌器出现报警后，都应按相关要求对设备进行检查。

1. 建立健全规章制度

（1）职业防护管理制度

1）建立灭菌器操作人员防护管理制度、职业暴露处理流程。

2）新进人员上岗前须接受消毒隔离、职业暴露等职业防护制度培训学习并存档。

3）操作人员应遵守标准预防的原则，不同区域、不同操作环节采取相应防护措施。

4）科室应在医用灭菌器操作区域配备加厚防烫手套、耳塞等防护用品，放置位置相对固定并有标识。

5）发生职业暴露时，应按医院或部门相关制度、流程处理。

（2）交接班制度

1）操作人员在设备运转过程中，不得擅离职守，如有特殊情况需要离岗，应向科室负责人请假并向替班者交代注意事项。

2）各岗位人员进行交接班，必要时书面交接。接班者如发现设备异常、物资数目不符等情况时，应立即查问，并向组长汇报，且应同级换班。

3）当班者必须按要求完成本班工作。如遇特殊、意外情况未完成本班工作，必须详细交代，必要时书面交接。

4）设备操作人员应加强仪器、设备及贵重物品的交接，遇到重大问题（如机器设备发生故障、丢失等），应及时汇报。

5）交班报告应书写规范，表达准确，情况属实，无涂改。

（3）质量追溯及质量缺陷召回制度

1）应建立质量控制过程记录与追踪制度，专人负责质量控制。

2）应建立灭菌等关键环节的过程记录并按要求规范存档。灭菌质量监测资料和记录保存不少于 3 年。

3）院内院外质量反馈有记录及改进措施，妥善留存。专人定期收集分析院内院外反馈意见、建议，及时改进，不断提高。

4）包外化学监测不合格的灭菌物品不得发放，包内化学监测不合格的灭菌物品和湿包不得使用。应分析不合格原因，进行改进，直至监测结果符合要求。

5）出现生物监测不合格的情况，应尽快召回上次生物监测合格以来所有尚未使用的灭菌物品，重新处理。应分析不合格的原因，改进后，生物监测连续三次合格后，方可使用。

6）采用信息化系统，灭菌物品的标识使用后应随器械回到消毒供应中心进行追溯记录。

（4）仪器设备管理及维护保养制度

1）科室设专人进行资产管理及设备管理。

2）资产管理员负责各类仪器设备的申报、调剂报废及建账盘点工作，并定期组织相关人员对固定资产进行清查并登记，原则上每年不少于 1 次，明确清查盘点基准日、内容、盘点表单和清查盘点报表等，并根据盘点时资产实际状态在盘点表单中注明。清查盘点结果和处理情况应纳入档案管理。

3）设备操作人员负责仪器设备的日常维护、保养、报修工作，并有记录。

4）设备操作人员应严格执行操作规程，发现异常及时上报，严禁擅自拆修。

5）所有新进小型压力蒸汽灭菌器必须经厂家工程师进行相关理论及现场技术培训，操作人员经培训合格后方能上机操作。

6）医用蒸汽灭菌操作人员除具备国家压力容器操作上岗证（并在有效期内），还须进行相应的岗位培训。

（5）安全管理制度

1）科室应成立安全管理小组。

2）严格遵守医院各项安全管理条例及制度。

3）严格遵守设备操作规程，履行岗位职责，发现异常情况及各种安全隐患应及时上报、处理。

4）每日由操作人员进行安全自查。重大节假日安全管理小组应组织相关人员进行安全大检查，并记录。

5）做好安全“四防”工作，即安全防火、安全防盗、安全防事故破坏、安全防自然灾害。

6）定期组织安全培训，提高安全意识。

2. 灭菌器运行前安全检查

在灭菌工作开始前必须对灭菌器进行安全性能检查。灭菌器通电前对内腔清洁，清洁时选用材质柔软的棉布和少量纯水中和的柔性清洁剂，避免使用钢丝球或钢丝刷等研磨式清洁工具。灭菌器蒸汽源阀门开启前，检查夹层和内腔压力表是否处于“0”的位置。打开灭菌器柜门，检查密封圈是否平整无损坏，测试柜门安全锁扣灵活、安全有效。可拔出灭菌器内腔底部的排气排水过滤网，检查有无杂质或异物堵塞过滤网，必要时可对滤网进行清洗。查看电源、水源、蒸汽、压缩空气等运行条件是否符合设备运行要求。检查物理参数打印机工作是否正常，打印纸是否充足。开启蒸汽阀门时应缓慢操作，避免管道内压力突然升高，造成管道、接头爆裂或蒸汽泄漏事故。灭菌器通汽通电后，检查减压阀是否工作正常，安全阀是否在年检期限内，阀体有无异样。预真空灭菌器应在每日开始灭菌运行前空载进行 B-D 测试，将 B-D 测试包置于排气口上方或最难灭菌的位置，选择 B-D 测试程序，程序结束后判断 B-D 测试纸变色是否均匀。

3. 灭菌器运行中巡查

灭菌器运行过程中操作人员对物理参数进行监测和记录。整个运行周期应巡视设备运行安全和观察灭菌器夹层、内腔压力表、显示屏及温度压力曲线图参数是否一致，直至灭菌程序运行结束。

4. 报警诊断及处理

当灭菌器在运行过程中出现报警时，操作人员应立即查看报警信息，有效处理故障，及时排除隐患，必要时可按下灭菌器紧急停止按钮。维修灭菌器时应将灭菌器停机，关闭蒸汽阀门，内腔和夹层压力归零后进行，严禁在灭菌器运行状态下进行故障维修。根据灭菌器生产厂家的用户手册，可将报警划分等级。一般分为设备故障等级和报警提示等级两种。设备故障类问题，可直接影响设备安全运行或直接影响灭菌质量，必须停止使用，立即检修。此类故障要明确规定发生故障的处理流程和预案，操作人员须紧急报告，联系主管人员和厂家设备维修人员。一般报警提示时设备仍可运行，不会出现安全隐患，经过培训的操作人员可自行处理。报警处理完毕后记录报警原因和处理结果，这利于设备的维护与保养。

5. 定期维护保养

定期对小型压力蒸汽灭菌器的维护及保养是确保设备正常运行的前提，操作人员应认真执行灭菌器维护制度，根据灭菌器厂商提供的使用说明进行设备维护及保养。建立灭菌器维护保养档案，灭菌器维护保养内容可分为日常和专项。每日灭菌器运行前应进行一些简单的检查清洁，比如灭菌器的外部和内部清洁，排气口过滤网的清洁，门封条的检查，压力表的功能确认等。定期的专项维护保养包括对各管路的连接部位检查，清理汽水分离器杂质，空气过滤器的检查，电路电源的集尘处理，安全阀、压力表的年检，以及温度、压力探头的校准与测试等。

（四）灭菌质量风险管理

1. 灭菌质量验证

采用物理监测法、化学监测法和生物监测法进行灭菌质量验证。使用特定的灭菌程序灭菌时，应使用相应的指示物进行监测，按照灭菌装载物品的种类，可选择具有代表性的 PCD 进行灭菌效果的监测。灭菌外来医疗器械、植入物、硬质容器、超大超重包应遵循厂家提供的灭菌参数，首次灭菌时对灭菌参数和有效性进行测试，并进行湿包检查。每年应委托计量技术机构用温度压力检测仪对灭菌温度、压力和时间等参数进行周期检测。所有验证及检查都应有记录，记录保存时间不少于 3 年。

2. 蒸汽质量

小型压力蒸汽灭菌器以饱和蒸汽作为灭菌介质，蒸汽发生器用水采用纯水。灭菌过程中应避免饱和蒸汽过热，也应注意避免蒸汽含水量过大或混入不可冷凝气体而影响或降低湿热灭菌的效能。应定期对灭菌器所用蒸汽质量进行采样检测，小型压力蒸汽灭菌器供给水的质量指标见表3-2，蒸汽冷凝物的质量指标见表3-3。

表3-2　小型压力蒸汽灭菌器供给水的质量指标（WS 310.1）

项　目	指　标
蒸发残留	≤ 10mg/L
氧化硅（SiO_2）	≤ 1mg/L
铁	≤ 0.2mg/L
镉	≤ 0.005mg/L
铅	≤ 0.05mg/L
除铁、镉、铅以外的其他重金属	≤ 0.1mg/L
氯离子（Cl^-）	≤ 2mg/L
磷酸盐（P_2O_5）	≤ 0.5mg/L
电导率（25℃时）	≤ 5μS/cm
pH	5.0~7.5
外观	无色、洁净、无沉淀
硬度（碱性金属离子的总量）	≤ 0.02mmol/L

表3-3　蒸汽冷凝物的质量指标（WS 310.1）

项　目	指　标
氧化硅（SiO_2）	≤ 0.1mg/L
铁	≤ 0.1mg/L
镕	≤ 0.005mg/L
铅	≤ 0.05mg/L
除铁、镕、铅以外的重金属	≤ 0.1mg/L
氯离子（Cl^-）	≤ 0.1mg/L
磷酸盐（P_2O_5）	≤ 0.1mg/L
电导率	≤ 3μS/cm
pH	5~7
外观	无色、洁净、无沉淀
硬度（碱性金属离子的总量）	≤ 0.02mmol/L

3. 物理监测

物理监测不合格的灭菌物品不得发放，并应分析原因进行改进，直至监测结果符合要求。

4. 化学监测

进行包内外化学指示物监测。化学监测不合格的灭菌物品不得发放，包内化学监测不合格的灭菌物品和湿包不得使用，并应分析原因进行改进，直至监测结果符合要求。

5. 生物监测

每周应至少进行 1 次生物监测。植入物的灭菌应每批次进行生物监测。生物监测不合格时，应尽快召回上次生物监测合格以来所有尚未使用的灭菌物品，重新处理并分析不合格的原因，改进后，生物监测连续三次合格后方可使用。

6.B-D 测试

预真空（包括脉动真空）小型压力蒸汽灭菌器 B-D 测试失败，应及时查找原因进行改进，监测合格后，灭菌器方可使用。

7. 新安装、移位和大修后的监测

应进行物理监测、化学监测和生物监测。物理监测、化学监测通过后，生物监测应空载连续监测 3 次，合格后灭菌器方可使用。监测方法应符合 GB/T 20367《医疗保健产品灭菌　医疗保健机构湿热灭菌的确认和常规控制要求》的有关要求。预真空（包括脉动真空）小型压力蒸汽灭菌器应进行 B-D 测试并重复 3 次，连续监测合格后，灭菌器方可使用。

（五）环境风险管理

消毒供应中心是预防与控制医院感染的重要部门，其工作区域的环境将直接影响所处理物品的质量安全及工作人员的安全健康，做好环境风险控制是保证灭菌质量的前提。

1. 区域环境清洁控制

灭菌器安装的区域一般为器械检查包装及灭菌的区域，进入该区域人员必须进行更衣，着清洁的工作服，并保持着装整洁或穿戴清洁的隔离衣、帽。进入该区域的物品、器械应是清洁物品，该区域内部空气流向应遵循自上而下的原则，可最大限度地减少因空气回流带起的飞絮与尘埃对清洁物品造成二次污染。为保证灭菌器良好的运行状态，空气的温度应为 20℃ ~23℃，相对湿度为 30%~60%，换气次数 ≥ 10 次 /h，保持相对正压。

2. 冷凝水排放

冷凝水排放应遵循使用地市政排水管网对温度和微生物要求。小型压力蒸汽灭菌器的热水排水管必须耐高温，应独立设置，并采用抗热防腐的材质，以防止排水管因高温爆裂。小型压力蒸汽灭菌器与消毒供应中心其他排水系统分离，以利于灭菌器的正常运转；管径应符合设备的排水通畅的要求，并设防回流装置。冷凝水排放管应留有蒸汽冷凝物采样阀。

3. 蒸汽系统

灭菌蒸汽应由纯水生成。自带蒸汽发生器系统设明显的高温警示标识。

4. 降温通风系统

小型压力蒸汽灭菌器运行时会产生大量热气，安装区域应考虑采取合理的降温换气措施：增加每小时换气次数，调整区域空气压差；设置独立的空调系统，不受大楼中央空调限制等。

第二节　小型压力蒸汽灭菌器的质量控制相关标准和技术规范

小型压力蒸汽灭菌器是医院、疾控应用最广泛的消毒设备。据中华预防医学会消毒会统计，约 60% 的器械采用压力蒸汽方式进行消毒。对于消毒供应而言，在卫生系统有着严格的消毒管理规范、清洗消毒及灭菌技术操作规范、清洗消毒及灭菌效果监测标准。在产品技术条件方面，有着针对产品分类、结构、基本参数、技术要求、试验方法、包装运输等有着详细的产品标准。

一、蒸汽灭菌设备相关标准与技术规范说明

蒸汽灭菌设备技术指标和质量管控的相关标准主要有国际标准（ISO）、欧洲标准（EN），中国国家标准、行业标准和计量技术规范等。不同的标准侧重点不同，内容有所差异，规定的适用范围和基本要求区别较大，使用中应根据使用目的和要求参照相应的标准。

小型蒸汽灭菌器适用于医疗用品或血液、体液接触的材料和器械的灭菌，在世界各地均有相应的标准或规范给予技术指标和质量管控的指导和要求，如英国的 BS EN 13060：2014 *Small Steam Sterilizers*（《小型蒸汽灭菌器》）、美国的 ANSI/AAMI ST79—2006 *Comprehensive guide to steam sterilization and sterility assurance in health care facilities*（《医疗设备中蒸汽消毒和灭菌保证用综合指南》），以及我国的 GB/T 30690—2014《小型压力蒸汽灭菌器灭菌效果监测方法和评价要求》、YY/T 0646—2015《小型蒸汽灭菌器　自动控制型》，各国标准有所差异。

小型压力蒸汽灭菌器是一种利用饱和蒸汽对物品进行迅速而可靠的物理消毒或灭菌的设备，适用于医疗、科研、食品等单位对手术器械、敷料、玻璃器皿、橡胶制品、食品、药液、培养基等物品进行灭菌。小型压力蒸汽灭菌器灭菌蒸汽温度、压力、灭菌时间、灭菌舱室上下层温差等性能是否可靠，灭菌效果是否有效，直接影响到灭菌设备的灭菌结果。因此如何评价、控制其性能参数，保证灭菌质量，必须有相关标准、规范等来控制其质量指标，才能保证其安全和有效。目前国外和国内针对不同工作原理和结构的小型压力蒸汽灭菌器颁布了相应的标准和技术规范。

本节以小型蒸汽灭菌器常用的国内外标准为基础，对相关标准中的适用范围、检测方法及要求、使用注意事项等进行简要的介绍。每种标准内容都较为详细和丰富，在使用时应以现行有效的标准或技术规范原文为准。

二、国外相关标准及内容简介

（一）ISO 17665 *Sterilization of health care products- Moist heat*（ISO17665《医用灭菌设备　湿热部分》）

该标准共包括 3 部分，对医用灭菌设备湿热部分的控制、安装、程序、确认等内容进行了详细说明，并提出了具体要求。

1）ISO 17665-1：2006 *Part 1：Requirements for the development，validation and routine control of a sterilization process for medical devices*（ISO 17665-1：2006《第 1 部分：医疗器械灭菌工艺的开发、验证和常规控制要求》）。该部分内容为灭菌器湿热性能标准的制定和日常控制要求，主要包括对蒸汽灭菌的测量方法、灭菌介质特征过程、设备特性、产品、过程进行了定义，对安装和性能进行了确认，并详细规定灭菌器的日常监测和维护。文本限制为医疗器械，但可为其他领域灭菌器的应用提供指导。

2）ISO/TS 17665-2：2009 *Part 2：Guidance on the application of ISO 17665-1*（ISO/TS 17665-2：2009《第 2 部分：ISO 17665-1 的应用指南》）。该部分为第 1 部分的应用指南，对第 2 部分提出的要求进行了具体详细的说明，对 ISO 17665 的应用进行指导。

3）ISO/TS 17665-3：2013 *Part 3：Guidance on the designation of a medical device to a product family and processing category for steam sterilization*（ISO/TS 17665-3：2013《第 3 部分：用于蒸汽灭菌的医疗器械产品族和加工类别的指定指南》）。该部分为医疗器械湿热灭菌产品族和过程类别的应用指南。该部分给出了医疗器械产品族分类的思路和详细示例，可很好地指导用户对被灭菌物品进行分类、合理地装载，同时选择或设计有效的灭菌参数和灭菌程序，以确保达到灭菌目的。该部分将器械的设计、重量、材料和无菌屏障系统 4 个方面属性作为衡量灭菌抗力的指标，根据 4 个方面的属性，再分别定义不同的难度等级，综合不同的属性和难度等级制定了灭菌难易程度的标准。产品族这一概念对于灭菌的理解和灭菌过程的有效性非常重要。灭菌过程中不可避免地会有不同种类的物品同时进行灭菌处理或在同一批次、同一灭菌程序进行灭菌处理，此时选择的灭菌程序应以灭菌族中最难灭菌的物品是否达到有效灭菌为依据。科学合理的使用灭菌设备进行灭菌处理具有重要意义，对被灭菌物品的合理装载具有一定的参考价值。

（二）HTM2010（*Health Technical Memorandum 2010*）（《健康技术备忘录 2010》）

HTM2010 包含如下 5 个部分。

Part 1：Management policy（《第 1 部分：管理政策》）

Part 2：Design considerations（《第 2 部分：设计要素》）

Part 3：Validation and verification（《第 3 部分：检验与验证》）

Part 4：Operational management（《第 4 部分：业务管理》）

Part 5：Good practice guide（《第 5 部分：实用指南》）

HTM2010 规定了灭菌设备的设计、安装、操作、管理、验证等内容，是较为详细全面的灭菌器技术标准。第 3 部分中规定的测量间隔等灭菌器的验证和确认内容可作为计量检测基本依据。标准规定应在灭菌保持时间内测量 180 个数据，以此可以给出灭菌测量间隔的基本设定时间。如灭菌时间为 3min，则测量间隔应为 1s。当然，随着科技的发展和测量技术的提高，一些内容也需要根据实际情况予以区别。如无线温度记录器、无线压力 / 温度记录器等测量标准设备的技术指标和适用性能够满足蒸汽灭菌的监测需求，已广泛应用于灭菌设备的温度、压力、时间等物理参数的计量检测。热电偶、铂电阻等传统有线测量方式多数情况下无法适用于灭菌设备密封性的要求。

（三）BS EN 13060：2014 *Small Steam Sterilizers*（《小型蒸汽灭菌器》）

此标准为英国国家标准，由英国标准协会BSI于2014年发布，代替BS EN 13060：2004+A2：2010。EN 13060：2014有英文、法文和德文3个官方版本。BS EN 13060：2014同时也是欧洲标准EN 13060—2014的英文版本。此标准由10个主要内容及8个附录组成。

BS EN 13060：2014对用于医疗目的或可能与血液或体液接触器械的小型蒸汽灭菌器和灭菌循环的性能要求和测试方法进行了描述。此标准适用于使用电加热器产生蒸汽或使用由灭菌器外部系统产生的蒸汽的自动控制小型蒸汽灭菌器。其灭菌室容积不超过60L，且不能容纳灭菌单元（300mm × 300mm × 600mm）的医用小型蒸汽灭菌器。不适用于灭菌液体或药品的小型蒸汽灭菌器。且此标准没有规定与灭菌器所在区域相关的安全要求。

（四）ANSI/AAMI ST79—2006 *Comprehensive guide to steam sterilization and sterility assurance in health care facilities*（《医疗设备中蒸汽消毒和灭菌保证用综合指南》）

ANSI/AAMI ST79—2006医疗设备中蒸汽消毒和灭菌保证用综合指南是由美国医疗器械推进联合会（AAMI）于2006年出版的，详细介绍了医疗机构压力蒸汽消毒和灭菌保障，ANSI/AAMI ST79是将5个AAMI规范整合为1个综合的指南，被整合的5个规范分别是：

1）ANSI/AAMI ST46 *Steam sterilization and sterility assurance in health care facilities*（《医疗机构压力蒸汽灭菌和无菌保障》）。

2）ANSI/AAMI ST42 *Steam sterilization and sterility assurance using table-top sterilizers in office-based, ambulatory-care medical, surgical , and dental facilities*（《台式小型压力蒸汽灭菌器在内、外、牙科门诊机构应用的灭菌和无菌保障》）。

3）ANSI/AAMI ST37 *Flash sterilization：Steam sterilization of patient care items for immediate use*（《快速灭菌：医疗护理即用物品的蒸汽灭菌》）。

4）ANSI/AAMI ST35 *Safe handling and biological decontamination of medical devices in health care facilities and in nonclinical settings*（《医疗机构和非临床设置医疗设备的安全操作和生物去污》）。

5）ANSI/AAMI ST33 *Guideline for the selection and use of reusable rigid sterilization container systems for ethylene oxide sterilization and steam sterilization in health care facilities*（《医疗机构选择适用于环氧乙烷和压力蒸汽灭菌的复用式硬质容器系统指南》）。

ANSI/AAMI ST79—2006 质量控制体系包括：机械清洗设备，产品识别和追踪，压力蒸汽灭菌过程的物理、化学和生物监测，布维 - 狄克试验（Bowie-Dick test，B-D）测试用以考核预真空锅残留空气，定期产品质量保证，产品召回，质量控制措施。

三、国内相关标准和技术规范及内容介绍

（一）WS 310—2016《医院消毒供应中心》

WS 310—2016《医院消毒供应中心》国家卫生行业标准。该标准从诊疗器械相关医院感染预防与控制的角度，对医院消毒供应中心的管理、操作、监测予以规范，适用于医院和为医院提供消毒灭菌服务的消毒服务机构。该标准包含 3 个部分：

1）WS 310.1—2016《医院消毒供应中心第 1 部分：管理规范》。该部分规定了医院消毒供应中心管理要求、基本原则、人员要求、建筑要求、设备设施、耗材要求及水与蒸汽质量要求。

2）WS 310.2—2016《医院消毒供应中心第 2 部分：清洗消毒及灭菌技术操作规范》。该部分规定了医院消毒供应中心的诊疗器械、器具和物品处理的基本要求、操作流程。

3）WS 310.3—2016《医院消毒供应中心第 3 部分：清洗消毒及灭菌效果监测标准》。该部分规定了医院消毒供应中心的消毒与灭菌效果监测的要求、方法、质量控制过程的记录与可追溯要求。

（二）JJF 1308—2011《医用热力灭菌设备温度计校准规范》

JJF 1308—2011 是计量行业人员进行灭菌设备校准时依据的技术文件。该规范适用于医用饱和蒸汽热力灭菌设备温度计计量性能的校准，其他湿热灭菌设备温度计校准可以参照此规范。主要内容为计量特性、校准项目、校准方法、数据处理、复校间隔时间等。

JJF 1308—2011 可作为灭菌设备校准时参照的依据，校准项目为温度示值误差，针对灭菌设备温度计，对于灭菌设备腔体内的温度均匀性、温度波动度和灭菌时间等没有涉及。文本的项目和内容相对有较大局限性，实际工作中应按照设备主要要求和使用目的予以区别。

校准时负载条件为空载。实际操作中，可在负载条件下校准，但应注明负载的条件，如小负载、满载等。校准结果应给出不确定度，在采用校准证书给出的校准

结果时应考虑不确定度的数值，以保证结果的可靠有效。JJF 1308 对于示值误差测量不确定度评定给出了具体的示例，可以参照进行分析确定每次校准后校准结果的不确定度。

（三）WS 506—2016《口腔器械消毒灭菌技术操作规范》

WS 506—2016 规定了口腔器械消毒灭菌技术操作中使用的小型灭菌器的灭菌与监测要求，规定应根据灭菌物品的危险程度、负载范围选择灭菌周期，且不同分类的灭菌周期和相关的设置只能应用于指定类型物品的灭菌，对于特定负载的灭菌过程需要通过验证。此外，还规定了灭菌参数设置、灭菌装载和灭菌器维护要求，以及灭菌物理参数、化学和生物监测的方法。

各个行业和部门在灭菌设备的使用上要求不尽相同，应根据使用目的选择适用的标准或技术文件作为工作的参照或依据，或者根据标准的要求制定适合的作业指导书或操作指南，以科学合理地使用灭菌设备，保障灭菌结果可靠有效。

（四）GB/T 30690—2014《小型压力蒸汽灭菌器灭菌效果监测方法和评价要求》

GB/T 30690—2014 规定了小型压力蒸汽灭菌器（以下简称灭菌器）的分类与用途、验证方法、监测方法及评价指标，适用于容积不超过 60 L 的小型压力蒸汽灭菌器。

1）该标准介绍了与此标准相关的术语及定义，包括：小型压力蒸汽灭菌器、B 类灭菌周期、N 类灭菌周期、S 类灭菌周期、满载、B-D 测试物、灭菌过程验证装置、管腔型灭菌过程验证装置。

2）该标准将小型压力蒸汽灭菌器分为 3 类：下排气式小型压力蒸汽灭菌器、预排气式小型压力蒸汽灭菌器和正压脉动排气式小型压力蒸汽灭菌器，并介绍了不同类别小型压力蒸汽灭菌器的用途。

3）该标准的“验证”部分包括验证原则、灭菌参数的验证、生物验证、排气口生物安全性验证、验证结果评价 5 个内容。其中，验证原则如下：

每年应对小型压力蒸汽灭菌器的灭菌参数、灭菌效果和排气口生物安全性进行验证。针对不同类型灭菌周期，选择相应灭菌负载类型进行验证。B 类灭菌周期用相应的管腔型 PCD 进行验证，N 类灭菌周期用裸露实体进行验证，S 类灭菌周期，根据其灭菌负载类型，选择相对应的负载进行验证。

（五）YY/T 0646—2015《小型蒸汽灭菌器　自动控制型》

YY/T 0646—2015 规定了小型蒸汽灭菌器自动控制型的分类与基本参数、要求、试验方法和检验规则等。该标准适用于由电加热产生蒸汽或外接蒸汽，其灭菌室容积不超过60L，且不能装载一个灭菌单元（300mm×300mm×600mm）的自动控制型小型蒸汽灭菌器；不适用密闭性液体的灭菌，不适用立式蒸汽灭菌器和手提式蒸汽灭菌器。

该标准未规定涉及使用风险范围的安全要求，未规定湿热灭菌的确认和常规控制的要求。

该标准的相关内容如下：

1. 术语和定义

该标准按照GB/T 19971解释了相关的术语和定义，包括：排出空气、自动控制器、平衡时间、A类空腔负载、B类空腔负载、维持时间、门锁紧、故障、灭菌时间、压力容器、过程挑战装置、灭菌负载、灭菌周期、灭菌单元及灭菌周期分类。

2. 分类与基本参数

该标准对灭菌周期进行了分类，可分为B、N、S三种类型，并对不同类型进行了预期使用的说明。

此部分还给出了灭菌器的基本参数。其中额定工作压力小于0.25MPa。灭菌温度由制造商规定，可在115℃～138℃范围内设定。

3. 要求

（1）正常工作条件　正常工作条件应符合：

1）环境温度：5℃～40℃。

2）相对湿度：不大于85%。

3）大气压力：70kPa～106kPa。

4）使用电源：AC 220V±22V，50Hz±1Hz或AC 380V±38V，50Hz±1Hz。

5）灭菌器的用水源不应影响灭菌过程，损坏灭菌器或灭菌物品。

（2）外观、结构与灭菌室尺寸　灭菌器腔体容积不超过60L，不能装载一个灭菌单元。灭菌器外观应端正，不应有明显的凹痕、毛刺、划伤等缺陷。灭菌器控制和调节机构应灵活可靠，紧固件应无松动。

（3）设计和制造　本部分包括了压力容器、材料、门和联锁装置、测试接口、空气过滤器（若有）、安全阀、疏水阀（若有）、减压阀（若有）的相关内容。

（4）仪表、指示装置和记录装置　除在此标准中另有规定的，要求正常视力或矫正视力在1m远处，最小光亮度（215±15）lx的条件下应易读出仪表上的示值。

1）仪表分类。灭菌器仪表一般有：灭菌室温度指示仪表、灭菌室压力指示仪表、夹套压力指示仪表（如果灭菌器有承压夹套）。

2）指示装置。灭菌器除了规定的指示仪表外，还应有指示装置，如单门灭菌器、声信号、周期计数器、空气泄露指示。

3）记录装置。记录装置包括模拟式记录装置（应满足的参数包括时间、温度、压力）和数字式记录装置（应满足的参数包括温度、压力）。

（5）控制系统　灭菌器控制系统包括过程控制、性能评价、故障指示系统。

（6）排水　灭菌器向外排出的水或蒸汽温度应不超过 100℃。

（7）压缩空气　灭菌器使用的压缩空气应经过 25μm 过滤器滤水、2μm 过滤器滤油。

（8）空气泄漏　按照标准中规定的方法对灭菌器各阶段进行测试时，压力上升率不应超过 0.13kPa/min。

（9）灭菌室动态压力　灭菌器在周期过程中任意 2s 间隔内的压力变化应不超过 1000kPa/min。

（10）噪声　在正常灭菌周期内，噪声应不大于 70dB。

（11）灭菌效果试验　灭菌效果试验应按照标准中规定的方法进行。按生物指示物制造商的规定进行培养的应不具有生物活性。未经处理的生物指示物在相同条件下进行培养时应具有生物活性。

（12）电气安全　电气安全应符合 GB 4793.1 和 IEC 61010-2-040:2005 的要求。

（13）电磁兼容　电磁兼容性应符合 GB/T 18268 的要求。

（14）环境试验　环境试验应符合 GB/T 14710 要求。

4. 试验方法

（1）试验通用要求　型式检验中温度测量应使用 8 支温度传感器，若为带有连接电缆的传感器，应通过验证接口引入灭菌室，外部压力传感器应通过检验接口连接。型式检验应重复进行 2 次，通常型式检验在室温下进行一次，并且在一个加热周期后立即进行另一次。按照标准中的规定进行空气泄漏试验。

出厂检验和安装检验（若有）应使用 3 支温度传感器进行温度测量，若为带有连接电缆的传感器应通过验证接口引入灭菌室，外部压力传感器应通过试验接口连接。

（2）外观、结构与灭菌器尺寸试验　灭菌器尺寸与结构应按制造厂提供的文件和图样进行检查，符合标准中的相关要求。以目视观察和手感检查灭菌器的外观，应符合标准中的相关要求。

（3）试验要求　仪表、指示、记录装置和过程评估系统试验，控制系统试验，水箱试验，排水检测，压缩空气检验，真空系统试验，真空泄漏试验等应符合标准中的相关要求。

（4）型式检验和安装 / 出厂检验　灭菌器在环境温度条件下执行检验，灭菌室温度在泄露阶段开始至试验结束这段时间的改变不超过 ±3℃。应注意的是如果灭菌器必须预热后运行则检验也必须在灭菌器预热后进行。

灭菌室连接绝对压力指示器时，如果工作压力超出压力指示器范围，应设计有保护功能。观察记录环境大气压力，开始运行自动空气泄漏试验周期。而后观察记录到达最低压力的时间和最低压力（周期中空气去除和蒸汽渗透阶段的最低值）。

在到达最低压力后等待（300 ± 10）s，然后观察记录灭菌室绝对压力和泄露阶段开始的时间。到达最低压力后等待 300s 的压力与最低压力的差值不超过大气压力与最低压力之差的十分之一。若超过这个值，说明灭菌室最初存在过多的湿气。

再过（600 ± 10）s 后，观察和记录灭菌室此时的绝对压力和时间。

在结束试验后，用泄漏 600s 后的压力与 300s 后的压力之差除以 600s 来计算 600s 内压力的上升速率（kPa/min）。

（5）饱和蒸汽温度与时间试验

1）灭菌室空载试验。型式检验过程为连接标准中规定的试验和测试设备，一支温度传感器放置在排气口处，一支放置在灭菌器控制温度的传感器位置，另外 6 支分布在可用空间的其他位置。试验结果应符合标准中的要求。

出厂检验或安装检验的过程试验为连接标准中规定的试验和测试设备，将温度传感器分布在灭菌室可用的空间内，温度传感器的放置能够指示最高温度和最低温度。试验结果应符合标准中的要求。

2）空心负载试验。型式检验和出厂检验或安装检验的过程为在空载试验中能够指示最高温度和最低温度的位置固定两支温度传感器，将剩余的温度传感器用单层宽度不超过 25mm 的高压灭菌器用的包装带直接固定在螺钉上，金属螺钉应放置在负载包装内，用装载装置（如托盘）将负载放置在灭菌器的可用空间内，立即开始运行灭菌周期。

试验过程应注意的是温度传感器应选择传感器直接与金属螺钉接触但不会引起电化学干扰的传感器，并且应关注湿度感应头与螺钉的热接触。

3）A 类空腔负载。型式检验和出厂检验或安装检验的过程为首先将灭菌过程验证装置（PCD）达到环境温度，并确认装置内部在使用前是干燥的。

而后在空载条件下执行灭菌周期。将化学指示物放入 PCD 中指示物存放管内，关闭和密封盖帽，检查维持时间是否超过指示物的反应期限，若超过，调整灭菌时间。按照使用说明书的要求，将装有化学指示物的 PCD 放入灭菌室可用空间内。灭菌结束后，将 PCD 从灭菌室内取出，然后再取出化学指示物，观察指示物颜色变化情况。

4）B 类空腔负载。型式检验过程为将圆柱试验管在使用前达到环境温度，并确认试验管内部使用前是干燥的。

在灭菌室可用空间内至少分布 6 支温度传感器。将其中 4 支温度传感器固定在圆柱试验管内，并且确保每支试验管内有一支温度传感器。对于单端开口试验管，将温度传感器固定在试验管的底部；对于双端开口试验管，将温度传感器固定在试验管中部。确认温度传感器的探头与试验管不直接接触。用高压灭菌器用的包装带将温度传感器的连线固定在试验管外壁。将剩余的 2 支温度传感器固定在空载试验指示的最高温度点与最低温度点处。用装载装置将负载放入灭菌器可用空间内，立即开始运行灭菌周期。

出厂检验或安装检验的过程同样将圆柱试验管在使用前保持为环境温度，并确认试验管内部使用前是干燥的。在灭菌室可用空间内分布温度传感器，将其中 1 支置于试验管内由型式检验测出的临界点处，将另外 1 支温度传感器放在空载试验中指示的临界点处。而后用装载装置将负载放入灭菌器可用空间内，立即开始运行灭菌周期。

5）小量多孔渗透性负载型式检验。连接规定的设备。在灭菌室可用空间内至少分布 6 支温度传感器，按图 3-1 所示把其中 4 支放置在检验负载中，选择合适的密封包装方式，确保整个灭菌周期完全密封。将剩余的 2 支温度传感器固定在空载试验指示的最高温度点处与最低温度点处。按照使用说明书的要求，使用装载装置（如托盘）将负载放入灭菌器可用空间内，立即开始运行灭菌周期。

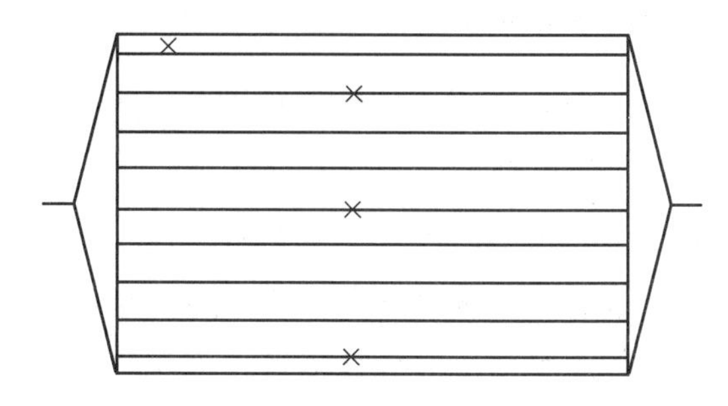

图 3-1　温度传感器在小量多孔渗透性负载型式检验中的位置

6）小量多孔渗透性负载出厂检验或安装检验。连接规定的设备。在灭菌室可用空间内分布温度传感器。按图 3-2 所示把其中 1 支放置在检验负载中，其他温度传感器固定在空载试验确认的最高温度点处和最低温度点处。按照使用说明书的要求，使用装载装置（如托盘）将负载放入灭菌器可用空间内，立即开始运行灭菌周期。

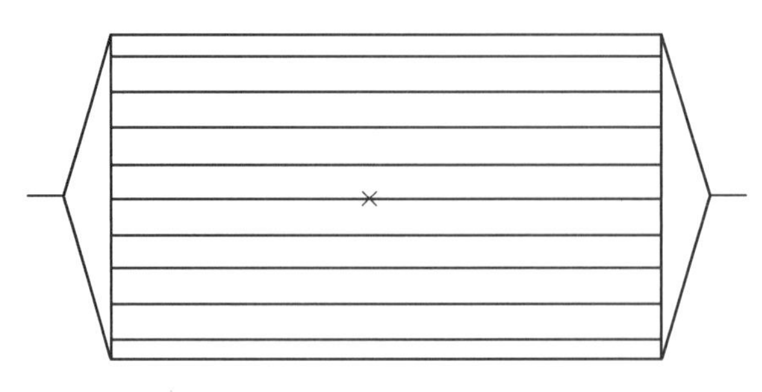

图 3-2　温度传感器在小量多孔渗透性负载出厂检验或安装检验中的位置

7）满载多孔渗透性负载型式检验（单层包装和双层包装）。连接规定的设备。在灭菌室可用空间内至少分布 6 支温度传感器，按图 3-3 所示把其中 4 支放置在检验负载中，选择合适的密封包装方式，确保整个灭菌周期完全密封，将剩余的 2 支温度传感器固定在空载试验指示的最高温度点处与最低温度点处。按照使用说明书的要求，使用装载装置（如托盘）将负载放入灭菌器可用空间内，立即开始运行灭菌周期。

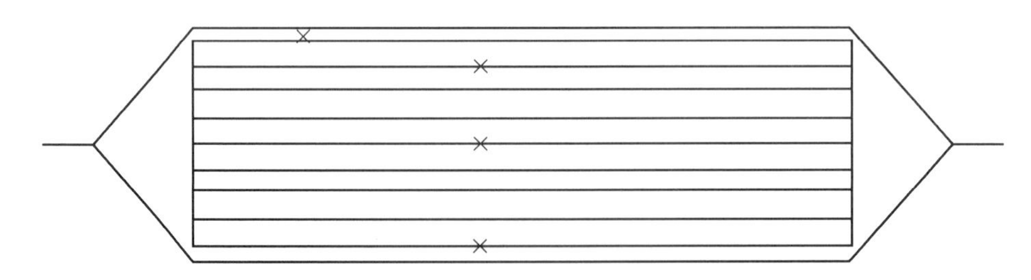

图 3-3　温度传感器在满载多孔渗透性负载型式检验中的位置

8）小量多孔渗透性混合型式检验。连接规定的设备。在灭菌室空载时运行一个灭菌周期来预热灭菌器。在灭菌室可用空间内至少分布 6 支温度传感器，按图 3-4 所示把其中 4 支放置在检验负载中，选择合适的密封包装方式，确保整个灭菌周期完全密封，将剩余的 2 支温度传感器固定在空载试验指示的最高温度点处与最低温度点处，按照使用说明书的要求，使用装载装置（如托盘）将负载放入灭菌器可用空间内，立即开始运行灭菌周期。试验结果应符合相关的要求。

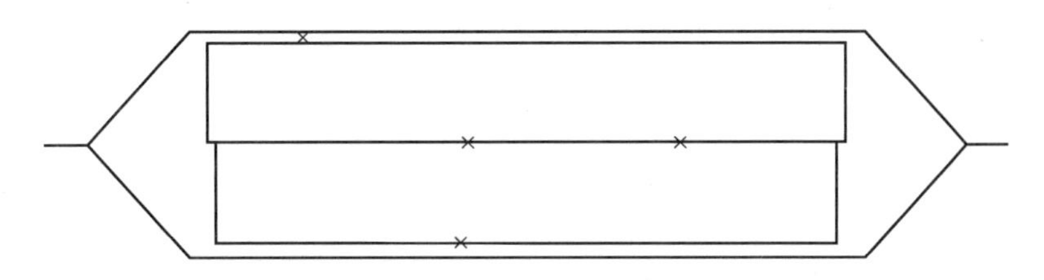

图 3-4 温度传感器在小量多孔渗透性混合型式检验中的位置

9）出厂检验或安装检验过程。连接规定的设备。在灭菌室可用空间内布置温度传感器，按图 3-5 所示把其中 1 支放置在检验负载中，其他的温度传感器固定在空载试验确认的临界点处，选择合适的密封包装方式，确保整个灭菌周期完全密封。按照使用说明书的要求，使用装载装置（如托盘）将负载放入灭菌器可用空间内，立即开始运行灭菌周期。

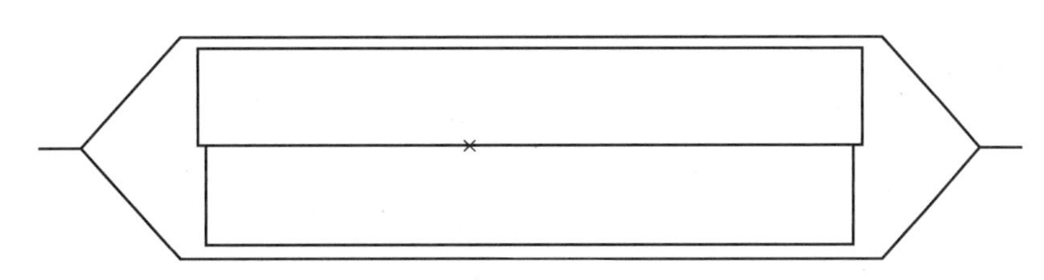

图 3-5 温度传感器在小量多孔渗透性混合物出厂检验或安装检验中的位置

（6）灭菌室内动态压力试验　型式检验过程是将压力记录装置与试验接口连接。选择具有标准干燥时间的灭菌周期，如果有若干这样的灭菌周期则选择单位时间压力减少量最大的程序。在灭菌器空载时进行灭菌周期，灭菌周期的全程压力应记录。

试验完成后要检查记录参数是否符合规定的周期设定；检查压力转换点是否符合灭菌器制造商规定的预期过程。

（7）噪声试验　在试验过程中，用声级计在离灭菌器 1m，离地面高度 1m，分左、右、前、后 4 个方向测量。试验结果应符合相关标准的要求。

（8）干燥度试验　干燥度试验包括实心负载干燥度试验、多孔渗透性负载干燥度试验（小量和满载，单层包装和双层包装）、小量多孔渗透性混合物干燥度试验（单层包装和双层包装），这几部分试验的型式检验和出厂检验或安装检验的过程。

（9）其他试验。灭菌效果试验、电气安全试验、电磁兼容性试验、环境试验应符合相关规定。

四、参照和依据原则

灭菌物品装载宜将同类材质的器械、器具和物品置于同一批次进行灭菌。灭菌器或器械制造商明确可以处理的物品放在一起灭菌时，应从灭菌过程的设计和验证的角度，考虑同一装载中不同产品之间是否会产生增大灭菌挑战的因素，或者不同产品之间是否会产生影响灭菌效果的相互作用。例如将器械和敷料一同灭菌时，应对灭菌过程进行验证以保证灭菌程序的适用性，同时应尽量保持灭菌装载的规范性，而且每种灭菌装载都是经过有效性验证的。

小型压力蒸汽灭菌器的制造商会在灭菌器中内置一些预先设定好的灭菌程序，以适应各种医疗器械或器械组合。但是随着医疗器械设计和材质变得越来越复杂，对于某些医疗器械或器械组合，还需要设计一些特殊的灭菌程序以达到理想的灭菌效果。例如一些超大超重或结构复杂的医疗器械，或者有些无菌屏障系统或包装系统和器械的组合会对空气去除和蒸汽穿透产生阻力，从而影响传热和灭菌效果。

尽管各个行业和部门在小型蒸汽灭菌器的使用上要求不尽相同，但在医疗领域，应根据使用目的选择适用的标准作为质量控制的参照依据，或者根据适用的标准的制定适合的质控指南，以科学合理地使用小型蒸汽灭菌器，保障结果准确可靠。

第三节　小型压力蒸汽灭菌器的质量监测

小型压力蒸汽灭菌器虽然具有灭菌速度快、穿透力和效果可靠等优点，但灭菌效果受灭菌蒸汽压力、灭菌时间、灭菌温度和灭菌器的加热速度等因素的影响。灭菌效果直接关系到医疗卫生安全，对灭菌器进行质量监测，确保灭菌器灭菌效果的有效性，对于保证医疗卫生安全十分必要。因此，要对小型压力蒸汽灭菌设备进行质量监测。

一、质量监测的类型

小型压力蒸汽灭菌器的质量监测，依据监测频次，可分为年度质量监测和日常质量监测；依据监测类型，可分为物理监测、化学监测和生物监测等。

小型压力蒸汽灭菌器年度质量监测主要包括对灭菌器物理参数、灭菌效果和排气口生物安全性等项目的监测。灭菌器物理参数是指灭菌器的温度、压力和时间等灭菌参数；灭菌效果是指灭菌器经过一个灭菌周期后是否符合灭菌预期；排气口生物安全性是指灭菌器排气口处是否有病原微生物排入环境。日常质量监测主要包括对灭菌效果的化学监测和生物监测等。

二、小型压力蒸汽灭菌器质量监测的要求与原则

（一）质量监测要求

1）专人负责监测工作。

2）遵循小型压力蒸汽灭菌器生产厂家定期进行检查、日常清洁、维护保养的要求。

3）每年对小型压力蒸汽灭菌器灭菌程序的温度、压力和时间进行物理监测。

4）定期对小型压力蒸汽灭菌器压力表、安全阀进行监测。

（二）质量监测原则

1）医院应建立小型压力蒸汽灭菌器使用和监测档案。

2）对小型压力蒸汽灭菌器操作人员进行规范化培训，掌握使用要求和质量监测方法。

3）明确小型压力蒸汽灭菌器类型，根据灭菌器的性能和灭菌程序，对灭菌物品进行正确灭菌。

4）严格控制灭菌质量。特定灭菌负载选择相应的灭菌周期，并进行灭菌性能的验证，并对相应的灭菌程序进行灭菌效果监测。

三、小型压力蒸汽灭菌器质量监测方法

小型压力蒸汽灭菌器质量监测方法主要包括：物理监测法、化学监测法、生物监测法和排气口生物安全性质量监测。

（一）物理监测法

1. 物理参数介绍

（1）平衡时间　从参考测量点到达灭菌温度开始，到负载的各部分都到达灭菌温度所需要的时间称为平衡时间（见图 3-6）。对于灭菌室容积不大于 800L 的灭菌器，平衡时间应不超过 15s。

（2）维持时间　灭菌室内参考测量点及负载各部分的温度连续保持在灭菌温度范围内的时间称为维持时间（见图 3-6）。对于灭菌温度分别为 121℃、126℃和 134℃的灭菌器，维持时间应分别不小于 15min、10min 和 3min。

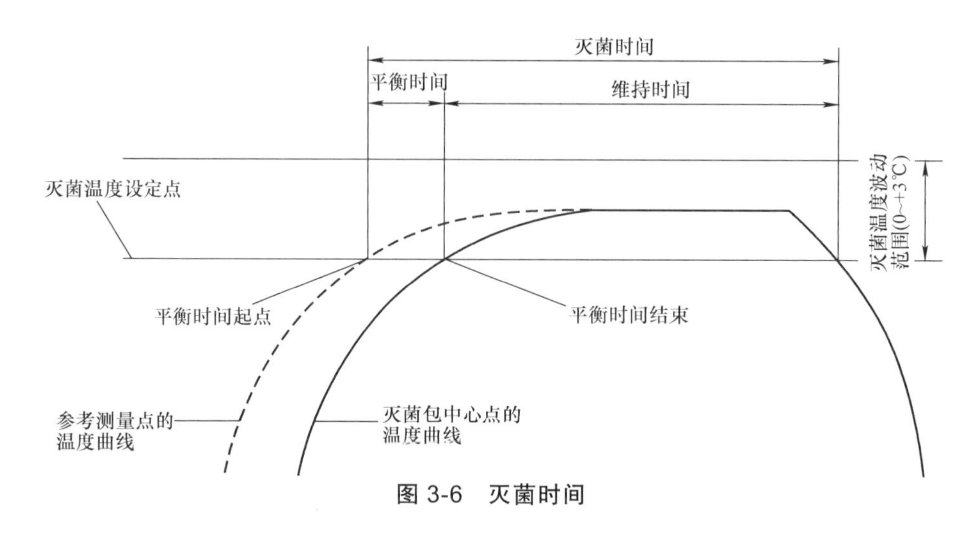

图 3-6　灭菌时间

1）灭菌时间：平衡时间加上维持时间。

2）灭菌温度的范围（稳定性）：负载和参考测量点的温度波动范围。在维持时间内，灭菌温度范围下限为灭菌温度，上限应不超过灭菌温度 +3℃。

3）灭菌温度的均匀性：负载和参考测量点的温度差值。在维持时间内，同一时刻，各点温度之间的差值应不超过 2℃。

2. 物理监测

小型压力蒸汽灭菌器是以蒸汽为工作介质的，因此灭菌时的蒸汽温度、压力和灭菌时间是保证灭菌质量的重要因素。物理监测主要反映灭菌器的状态，各项关键数据是否达到设计的灭菌设置要求，是最基本的灭菌质量监测，可以实时地查明灭菌器运行情况及是否处于正常工作范围。

对小型压力蒸汽灭菌器的日常监测，主要依赖于灭菌器自测的物理参数，实时物理监测更能全面、动态、综合地反映灭菌器的物理性能和灭菌效果。自带的温控压力仪是通过温度传感器、压力探头监测灭菌器腔体内温度和压力，反映灭菌器能达到的温度和压力。运用温度压力检测仪进行监测，实际灭菌温度、压力参数低于或高于设定值，说明灭菌器显示的温度压力参数未如实反映灭菌包实际的物理参数，灭菌器的温控仪、温度压力传感器需检验，且存在蒸汽泄漏、压力表误差等问题。

利用物理监测法进行质量监测中，每次灭菌应连续监测并记录灭菌时的温度、压力和时间等灭菌参数。灭菌温度波动范围在 0℃ ~ 3℃内，时间满足最低灭菌时间的要求，同时应记录所有临界点的时间、温度与压力值，结果应符合灭菌的要求（中华人民共和国卫生行业标准 WS 310.3—2016）。应每年用温度压力检测仪监测温度、压力和时间等参数，检测仪探头放置于最难灭菌部位。在灭菌维持时间内，灭菌温度不低于设定的灭菌温度，不超过灭菌温度 4℃，其他物理监测方法及结果判断同大型蒸汽灭菌器。

3. 日常监测

每批次灭菌应连续监测并记录灭菌温度、压力和时间等灭菌参数。灭菌温度应在不低于设定灭菌温度，不超过设定灭菌温度 3℃范围内，灭菌时间应满足最低灭菌时间的要求，同时应记录所有临界点的时间、温度与压力值，结果应符合灭菌的要求（见表 3-4）。监测、记录及结果判定由操作者负责，结果双人复核，并签名确认。

表 3-4　灭菌要求

设备类别	物品类别	灭菌设定温度 /℃	最短灭菌时间 /min	压力参考范围 /kPa
下排气式	敷料	121	30	102.8 ~ 122.9
	器械	132	20	
预真空式	器械、敷料	132	4	184.4 ~ 210.7
		134		201.7 ~ 229.3

4. 定期监测

应每年用温度压力检测仪监测温度、压力和时间等参数，检测仪探头放置于最难灭菌部位。

（二）化学监测法

1. 化学指示物的分类

（1）第一类（过程化学指示卡）用于单个物品或包装，指示物品是否经过了灭菌过程，以区分灭菌或未灭菌物品，如包外化学指示胶带。

（2）第二类（特殊检测化学指示卡）用于灭菌器或灭菌标准的特效试验操作，如各种 B-D 试纸。监测预真空小型压力蒸汽灭菌器冷空气排出效果与饱和蒸汽的穿透效果以及漏气情况。

2. 化学监测法

化学监测是间接指示压力蒸汽灭菌效果的一种方法，利用指示物在一定温度、作用时间与饱和蒸汽适当结合的条件下受热变色的特点判断灭菌效果的一种间接方法。常用的有指示胶带和指示卡，指示胶带使用长度不得少于 5cm，它只是指示是否经过压力蒸汽灭菌处理，不能指示灭菌效果，贴在检测包或灭菌物品外面，要求每个待灭菌包都测。化学指示卡则是当小型压力蒸汽灭菌器灭菌温度、持续的作用时间和蒸汽饱和程度到终末点变色才完全灭菌，检测时应放于测试包或待灭菌包内中心，每次灭菌都要使用。应进行包外、包内化学指示物监测。具体要求为灭菌包包外应有化学指示物，高度危险性物品包内应放置包内化学指示物，置于最难灭菌的部位。如果透过包装材料可直接观察包内化学指示物的颜色变化，则不必放置包外化学指示物。根据化学指示物颜色或形态等变化，判定是否达到灭菌合格要求。采用快速程序灭菌时，也应进行化学监测。直接将一片包内化学指示物置于待灭菌物品旁边进行化学监测。

3. B-D 测试

B-D 测试即小型压力蒸汽灭菌器残余空气测试。蒸汽灭菌的功能决定所有灭菌物品的表面是否完全与饱和蒸汽接触，B-D 测试是检查脉动灭菌器内是否还有空气残存，以评估脉动灭菌器排除空气能力的一种方法。

（1）预真空（包括脉动真空） 小型压力蒸汽灭菌器应每日开始灭菌运行前空载进行 B-D 测试，B-D 测试合格后，灭菌器方可使用。若 B-D 测试失败，应及时查找原因进行改进，监测合格后，灭菌器方可使用。

（2）B-D 测试方法（适用于各型小型压力蒸汽灭菌器）

1）测试方法。小型压力蒸汽灭菌器一般不进行 B-D 测试，如进行 B-D 测试，可按下列方法进行：在空载条件下，将 B-D 测试物放于灭菌器内前底层，靠近柜门与排气口、柜内除测试物无任何物品，经过 B-D 测试循环后，取出 B-D 测试纸观察颜色变化。

2）评价指标。B-D 测试纸均匀一致（完全均匀）变色，则为合格；B-D 测试纸变色不均匀，则为不合格，此时应检查 B-D 测试失败原因，直至 B-D 测试通过后，该灭菌器方能再次使用。

4. 化学指示胶带

（1）监测方法 每一待灭菌物品表面均应粘贴化学指示胶带（包装袋有化学指示色块的除外），经一个灭菌周期后，观察其颜色变化。

（2）评价指标 化学指示胶带均变色达标，则为合格；变色不达标，则为不合格，本批灭菌物品不能使用，应重新灭菌，且重新检测或对灭菌器进行检修。

5. 化学指示卡（剂）

（1）监测方法 将化学指示卡（剂）放入每一待灭菌包中，若无物品包则放入灭菌器较难灭菌部位，经一个灭菌周期后，取出指示卡（剂），观察其颜色及性状的变化。

（2）评价指标　化学指示卡（剂）均变色达标，则为合格；变色不达标，则为不合格，本次灭菌物品不能使用，应重新灭菌，且重新检测或对灭菌器进行检修。

说明：物理监测不能反映灭菌包间和包内的灭菌参数，因此要应用包外和包内化学指示物；包内卡首选5类化学指示物，因为它可反映全部灭菌关键参数的变化。在灭菌包内最难灭菌的位置放置包内化学指示物；预真空小型压力蒸汽灭菌器应根据制造商要求每天进行B-D测试。

（三）生物监测法

1）小型压力蒸汽灭菌器的灭菌效果中最准确，最直接的监测方法应是生物指示法。生物监测法应至少每周监测一次，监测方法遵循WS 310.3—2016《医院消毒供应中心　第3部分：清洗消毒及灭菌效果监测标准》附录A的要求：将标准生物测试包或生物PCD（含一次性标准生物测试包），对满载灭菌器的灭菌质量进行生物监测。标准生物监测包或生物PCD置于灭菌器排气口的上方或生产厂家建议的灭菌器内最难灭菌的部位，经过一个灭菌周期后，进行培养，观察培养结果。灭菌后的生物指示剂在56℃培养48h后，进行结果判定。

2）紧急情况灭菌植入物时，使用含第5类化学指示物的生物PCD进行监测，化学指示物合格可提前放行，生物监测的结果应及时通报使用部门。

3）采用新的包装材料和方法进行灭菌时应进行生物监测。

4）小型压力蒸汽灭菌器根据不同灭菌周期进行生物监测。因一般无标准生物监测包，应选择灭菌器常用的、有代表性的灭菌物品制作生物测试包或生物PCD，置于灭菌器最难灭菌的部位，且灭菌器应处于满载状态。生物测试包或生物PCD应侧放，体积大时可平放。

B型灭菌周期：使用生物测试包或生物PCD，侧放于灭菌器排气口上方或灭菌器厂家建议的最难灭菌部位，并设阳性和阴性对照组；灭菌器处于满载状态；经过一个灭菌周期后，取出生物指示物按照指示物厂家说明书进行培养并判断结果。

N类灭菌周期和快速灭菌周期：宜采用自含式生物指示物，直接放入最难灭菌的部位。经一个灭菌周期后取出生物指示物进行培养，观察颜色变化。

S类灭菌周期：根据其灭菌负载类型，将生物指示物放入相应负载中，然后放入灭菌器最难灭菌的部位，经一个灭菌周期后，取出生物指示物，培养后观察其颜色变化。

5）采用快速压力蒸汽灭菌程序时，应将一支生物指示物置于空载的灭菌器内，经一个灭菌周期后取出，在规定条件下进行培养并观察结果。

6）生物监测不合格时，应尽快召回自上次生物监测合格以来所有尚未使用的灭菌物品，重新进行清洗、消毒及灭菌。并分析不合格的原因，改进后，再进行连续三次生物监测，都合格后方可使用灭菌器。

7）上述灭菌监测结果应保存不少于 3 年。

8）生物监测结果判定：

阳性对照组培养阳性，阴性对照组培养阴性，试验组培养阴性，判定为灭菌合格。

阳性对照组培养阳性，阴性对照组培养阴性，试验组培养阳性，则灭菌不合格；培养结果为灭菌不合格时应进一步鉴定试验组阳性的细菌是否为指示菌或是受污染所致。

自含式生物指示物则不需要做阴性对照。

9）注意事项

① 监测所用菌片或自含式菌管应在有效期内使用。

② 如果 24h 内进行多次生物监测，且生物指示剂为同一批号，则只设一次阳性对照即可。

③ 生物监测的结果应及时通报使用部门。采用新的包装材料和方法进行灭菌时应进行生物监测。采用快速压力蒸汽灭菌程序时，应将一支生物指示物置于空载的灭菌器内，经一个灭菌周期后取出，在规定条件下进行培养并观察结果。

（四）排气口生物安全性质量监测

用于生物安全Ⅲ级实验室（BSL-3）、用于生物安全Ⅳ级实验室（BSL-4）和灭菌的物品带有经呼吸道传播的病原微生物时，需检查小型压力蒸汽灭菌器排气口处是否有防止病原微生物排入环境的措施，并对其效果进行质量监测，确保排出的空气中没有相应的病原微生物。

1. 排气口生物安全性监测方法

首先，要按照所需检测的病原微生物特性，选择相应的选择性培养基，培养基配置完成后，分装入 Andersen 六级采样器配套培养皿中，冷却后备用，然后进行采样。

采样时，先将制备好的培养皿装入 Andersen 六级采样器，采样器与排气口连接，用封口膜将两者密封，接着装载灭菌器所需灭菌的物品，开启灭菌器，同时开启采样器，待灭菌器排冷空气阶段结束后，取下采样器，将培养皿放入培养箱中，培养至规定时间取出观察。

2. 排气口生物安全性监测结果评定

观察选择性培养基上是否有相应病原微生物生长，如果没有生长则合格；反之则不合格。

四、小型压力蒸汽灭菌器维修后的质量监测

（一）灭菌器新安装、移位和大修后的质量监测

依据 WS 310.3—2016《医院消毒供应中心　第 3 部分：清洗消毒及灭菌效果监测标准》中规定小型压力蒸汽灭菌器新安装、移位和大修后应进行物理监测。物理监测通过后，生物监测应空载连续监测三次，合格后灭菌器方可使用，监测方法应符合 GB/T 30690—2014《小型压力蒸汽灭菌器灭菌效果监测方法和评价要求》的有关要求。预真空（包括脉动真空）小型压力蒸汽灭菌器应进行 B-D 测试并重复三次，连续监测合格后，灭菌器方可使用。

小型压力蒸汽灭菌器大修后，如果维修了腔体或夹层还需要加做泄漏测试，以保证灭菌器整体性能完好。灭菌器大修后需做的质量监测项目见表 3-5。

表 3-5　灭菌器大修后需做的质量监测项目（建议）

灭菌系统	更换或维修配件	泄漏测试	物理监测	化学监测	B-D 测试	生物监测
		测试或监测次数 / 次				
腔体或夹层	腔体或夹层（补焊维修）	1	1	1	3	3
控制系统	EPROM（程序存储器）更换或丢失程序	—	1	1	3	3
	数字输入模块	—	1	1	3	3
	数字输出模块	—	1	1	3	3
	更换 PLC 电池（丢失模块）	—	1	1	3	3
真空系统	真空泵	1	1	1	3	3
	与内室连接气动阀	1	1	1	3	3

（续）

灭菌系统	更换或维修配件	泄漏测试	物理监测	化学监测	B-D 测试	生物监测
		测试或监测次数 / 次				
显示和记录装置	内室温度传感器（更换或校正）	1	1	1	3	3
	内室压力传感器（更换或校正）	1	1	1	3	3
密封门	更换密封门	1	1	1	3	3

（二）灭菌器日常维修后的质量监测

小型压力蒸汽灭菌器日常维修后，应判断该维修与配件是否为控制系统的核心配件，若是则按照第四节中关于大修的要求进行质量测试。如果维修部件不是控制系统核心配件，应根据维修的项目选择合适的监测方法，监测合格后灭菌器方可使用。

第四节　小型压力蒸汽灭菌器应急管理

小型压力蒸汽灭菌器设备应急管理见表 3-6。

表 3-6　小型压力蒸汽灭菌器设备应急管理

故障	现象描述	操作预案
灭菌器出现超高温或超高压	灭菌器温度超过 135.5℃，且温度持续上升，腔内压力达到 0.23MPa，压力表接近警戒值	应立即关闭蒸汽阀门开关→关闭电源→报告护士长→电话报修通知设备维修人员和厂家工程师
蒸汽安全阀及减压阀失灵	安全阀不能自动跳开，排出容器内的气体，腔内压力超过 0.23MPa	应立即关闭蒸汽开关→停止供给蒸汽→通知维修人员进行安全阀紧急检修和更换，电话报修，并报告护士长
B-D 试验不合格（需要时）	B-D 测试纸颜色变化不一致	应再次 B-D 试验，试验合格能使用；如再次 B-D 试验不合格，需立即停止使用，报告护士长，通知维修人员，查明原因并进行维修
测漏试验不合格	灭菌器空载，灭菌器内两次记录值的压差大于 1.3kPa	应立即停止使用该灭菌器，报告护士长，通知维修人员，查明原因并进行维修

第五节　小型压力蒸汽灭菌器的校验

医疗器械灭菌是医疗安全及防治、控制传染性疾病蔓延的重要环节。蒸汽灭菌器是医疗卫生部门使用最广泛的消毒灭菌设备之一。根据 ISO 14971：2019 *Medical devices — Application of risk management to medical devices*（《医疗器械　风险管理对医疗器械的应用》），蒸汽灭菌设备属于临床应用的高风险设备，故对其进行定期的校验是至关重要的。

一、小型压力蒸汽灭菌器的关键参数及术语

1. 小型压力蒸汽灭菌器主要性能指标

小型压力蒸汽灭菌器是基于饱和蒸汽灭菌原理，通过高温高压产生的饱和蒸汽对微生物进行灭杀的设备。完成灭菌过程的 3 个主要性能指标是：温度、压力和时间。

这三个参数是相互影响、共同作用的。其中，温度是由压力决定的，压力越大，饱和蒸汽的温度才会越高。但如果灭菌器内有一定量的残余空气，压力的大小就不能直接决定温度。当温度越高时，灭菌所要求的时间会缩短。灭菌的最终效果是由物品所处有效温度和维持时间决定的。图 3-7 所示为小型压力蒸汽灭菌器的典型灭菌曲线。

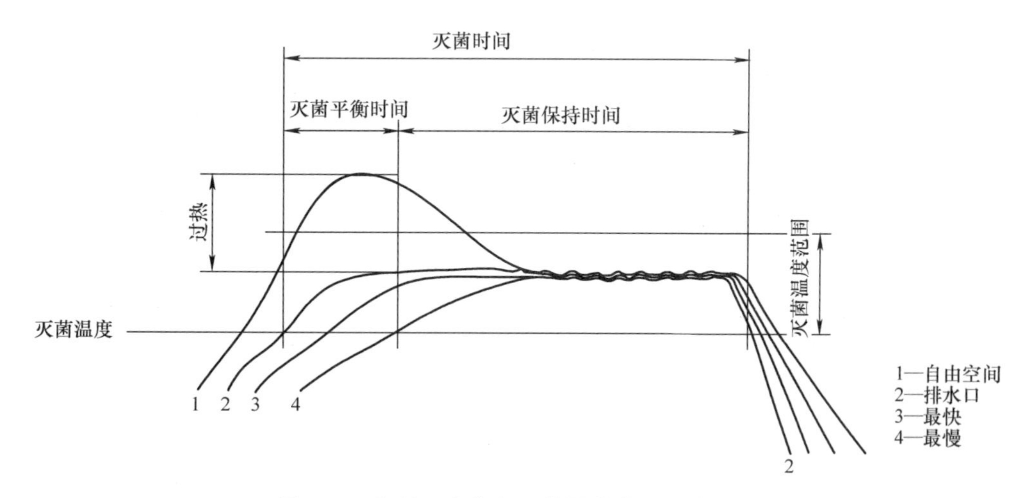

图 3-7　小型压力蒸汽灭菌器的典型灭菌曲线

2. 相关术语和定义

（1）灭菌（sterilization）　用以去除产品中活的微生物并使其达到规定存活概

率的处理过程。

（2）灭菌温度（sterilization temperature）《消毒技术规范》规定的杀灭耐热杆菌、孢子的饱和蒸汽温度。

（3）灭菌平衡时间（equilibration time） 灭菌器某个测量点实测温度达到灭菌温度到所有测量点实测温度都达到灭菌温度的时间间隔。

（4）灭菌温度带（sterilization band） 在灭菌保持时间内，介于灭菌温度至灭菌最高允许温度的范围。

（5）灭菌保持时间（holding time） 灭菌装载内所有点的温度都保持在灭菌温度范围内的时间长度。

（6）温度偏差（temperature deviation） 在灭菌保持时间内，灭菌室内各测量点实测最高温度和实测最低温度与设定的灭菌温度的偏差，分别称为温度上偏差和温度下偏差。

（7）温度均匀性（temperature uniformity） 灭菌保持时间内，各测量点之间在同一瞬间温度差值绝对值的最大值。

（8）灭菌压力值（sterilization pressure） 灭菌保持时间内，灭菌器内实测压力值的平均值。

（9）灭菌周期（sterilization cycle） 灭菌器在灭菌过程中完成的控制周期，分为 B 类灭菌周期、N 类灭菌周期和 S 类灭菌周期。

（10）小型压力蒸汽灭菌器（small steam sterilizer） 容积不超过 60L 的小型压力蒸汽灭菌器。

（11）灭菌过程验证装置（process challenge device，PCD） 对灭菌过程有预定抗力的模拟装置，用于评价灭菌过程的有效性。其内部放置化学指示物时称化学 PCD，放置生物指示物时称生物 PCD。

二、小型压力蒸汽灭菌器的计量校准

1. 适用范围

灭菌器的计量校准适用于基于饱和蒸汽热力灭菌原理，且容积不大于 60L 的小型压力蒸汽灭菌器的温度、压力、时间参数的校准。

2. 计量特性

小型压力蒸汽灭菌器灭菌参数一般技术要求见表 3-7。

表 3-7　小型压力蒸汽灭菌器灭菌参数一般技术要求

参数名称	技术指标要求	
温度偏差	温度上偏差	≤ 3℃
	温度下偏差	≥ 0℃
温度均匀性	≤ 2℃	
温度波动度	≤ ±1℃	
灭菌保持时间	不小于灭菌设定时间，且不大于设定值 10%	
灭菌压力值	121℃时，（102.8 ~ 122.9）kPa	
	132℃时，（184.4 ~ 210.7）kPa	
	134℃时，（201.7 ~ 229.3）kPa	

注：以上指标不适用于合格性判别，仅供参考。

3. 校准条件

（1）环境条件　环境温度：（10 ~ 30）℃；相对湿度：15% ~ 85%。设备附近应无明显的机械振动和腐蚀性气体存在。应避免其他冷、热源影响。

一般在空载条件下校准。根据灭菌器使用方的需求，也可以在负载条件下校准，但应说明负载情况。

（2）测量标准及主要技术指标　测量标准及主要技术指标见表 3-8。

表 3-8　测量标准及主要技术指标

序号	名称	测量范围	主要技术指标
1	无线温度验证仪	0℃ ~150℃	分辨力：不低于 0.01℃ 最大允许误差：± 0.1℃ 采样时间间隔：≤ 1s
2	无线压力验证仪	（0 ~ 400）kPa	分辨力：不低于 0.1kPa 最大允许误差：± 1kPa 采样时间间隔：≤ 1s
3	时间测量标准	—	采用无线温度压力记录仪内的时间测量标准

注：1. 测量标准应具备耐腐蚀、耐湿，且整体具有全封闭防水性能。
2. 测量标准应不破坏小型压力蒸汽灭菌器整体密封性及其正常运行条件。
3. 测量标准应具有数据记录功能。
4. 也可选用其他满足要求的测量标准。

4. 校准项目和校准方法

（1）校准项目　小型压力蒸汽灭菌器的校准项目包括：温度偏差、温度均匀性、温度波动度、灭菌保持时间和灭菌压力值。

（2）校准方法　小型压力蒸汽灭菌器的温度校准点应选择用户常用灭菌程序的灭菌温度。

如图 3-8 所示，温度测量点位应布放在灭菌器的灭菌室内，每层隔离筐设定 3 个温度布放点，各层间按对角线位置布放。温度测量点位与灭菌内壁的距离应和样品架内壁到工作室内壁距离一致。

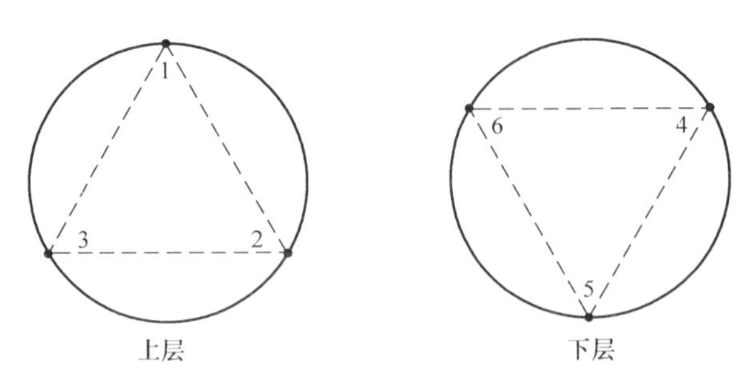

图 3-8　小型压力蒸汽灭菌器温度测量点位的布置

压力测量点位应布放在灭菌室底层几何中心位置。

温度、压力的校准：小型压力蒸汽灭菌器应在空载条件下进行校准，若在负载条件下进行校准应说明负载情况。按要求放置温度、压力测量点位，按灭菌时间设置温度、压力测量标准的采样时间间隔。开启灭菌器电源，按照灭菌器的使用要求进行操作，运行灭菌程序并记录完整的灭菌过程。

5. 数据处理

（1）温度偏差　温度偏差按式（3-1）和式（3-2）计算。

$$\Delta t_{max} = t_{max} - t_s \tag{3-1}$$

$$\Delta t_{min} = t_{min} - t_s \tag{3-2}$$

式中　Δt_{max}——灭菌器的温度上偏差（℃）；

Δt_{min}——灭菌器的温度下偏差（℃）；

t_{min}——灭菌保持时间内各测量点测得的最低温度（℃）；

t_{max}——灭菌保持时间内各测量点测得的最高温度（℃）；

t_s——设定的灭菌温度值（℃）。

（2）温度均匀性　温度均匀性按式（3-3）计算。

$$\Delta t_u = \max(t_{jmax} - t_{jmin}) \tag{3-3}$$

式中　Δt_u——温度均匀性（℃）；

t_{jmax}——灭菌保持时间内所有温度测量点第 j 次测量时的最高温度（℃）；

t_{jmin}——灭菌保持时间内所有温度测量点第 j 次测量时的最低温度（℃）。

（3）温度波动度温度　波动度按式（3-4）计算。

$$\Delta t_f = \pm \max |t_i - \bar{t}| \quad (3-4)$$

式中　Δt_f——某温度测量点温度波动度（℃）；

t_i——灭菌保持时间内某温度测量点第 i 次测得的温度值（℃）；

$\bar{t}$——灭菌保持时间内某温度测量点测得的平均温度值（℃）。

各温度测量点当中的最大值为设备的温度波动度。

（4）灭菌保持时间　灭菌保持时间按式（3-5）计算。

$$S = S_2 - S_1 \quad (3-5)$$

式中　S——灭菌保持时间（s）；

S_1——读取灭菌器内所有温度测量标准达到灭菌温度的时刻（s）；

S_2——读取灭菌器内任意一点温度测量标准低于灭菌温度的时刻（s）。

（5）灭菌压力值　灭菌保持时间内，灭菌室内压力测量标准测得值的平均值即为灭菌压力值。灭菌压力值按式（3-6）计算。

$$p = \frac{1}{n}\sum_{i=1}^{n} p_i - p_0 \quad (3-6)$$

式中　p——灭菌压力值（kPa）；

p_i——第 i 次测得的压力值（kPa）；

p_0——大气压值（kPa）。

6. 校准周期

建议校准周期为 1 年，使用特别频繁时应适当缩短。在使用过程中经过修理、更换重要器件时，需重新进行校准。

由于校准周期的长短是由设备的使用情况、使用者、设备本身质量等因素所决定，因此，用户可根据实际使用情况确定校准周期。

三、小型压力蒸汽灭菌器的验证

1. 验证的意义和原则

对小型压力蒸汽灭菌器进行科学、合理、有效的验证，是使灭菌能达到预期效果的基本保证，如何对灭菌设备进行验证以及采用的验证方法和灭菌程序，对灭菌效果和试验结果都至关重要。

每年应对小型压力蒸汽灭菌器的灭菌参数、灭菌效果和排气口生物安全性进行验证。针对不同类型灭菌周期，选择相应灭菌负载类型进行验证。B 类灭菌周期用相应的管腔型 PCD 进行验证，N 类灭菌周期用裸露实体进行验证，S 类灭菌周期，根据其灭菌负载类型，选择相对应的负载进行验证。

2. 灭菌参数的验证

（1）验证方法　将温度测定仪放入灭菌器，每层设定 3 个点，各层间按对角线布点；将一个压力测定仪放入灭菌器底部中心；再放入模拟的常规处理物品至满载。经过一个灭菌周期后，取出温度测定仪和压力测定仪，读取温度、压力和时间等参数的实测值。

（2）评价指标

1）整个灭菌循环中，灭菌温度范围的实测值不低于设定值，且不高于设定值 3℃，灭菌室内任意 2 点差值不得超过 2℃。

2）实测压力范围应与实测温度范围相对应。

3）灭菌时间实测值不低于设定值，且不超过设定值的 10%。

全部符合 1）~ 3）这 3 项要求，则为合格；3 项中任意 1 项不符合要求，则为不合格。

3. 灭菌效果验证

（1）测试包的制备　生物验证用指示菌为嗜热脂肪杆菌芽孢，根据不同灭菌负载分别制备，制备方法如下：

1）灭菌无包装裸露物品时，将生物指示物装入小型压力蒸汽灭菌器专用纸塑包装袋中，即为生物测试包。

2）灭菌有包装物品时，选取该灭菌程序下，常规处理物品中最难灭菌的物品包，将生物指示物放入包中心，即为生物测试包。

3）灭菌管腔型物品时，选择相应管腔型 PCD 将其制备成生物 PCD，即为生物测试包。

4）灭菌特殊物品时，按照不同负载类型选择相对应的负载制备生物测试包。

（2）验证方法　灭菌器每层中间、排气口和近灭菌器门处各放置一个生物测试包，在灭菌器内放入模拟的常规处理物品至满载。经一个灭菌周期后，取生物测试包中的生物指示物，经 56℃ ±2℃培养 7 天，观察培养基颜色变化，同时设阳性对照和阴性对照；自含式生物按说明书执行，并设阳性对照。

（3）评价指标

1）自含式生物指示物按产品说明书的要求进行评价，按要求培养至规定时间后，实验组、阳性对照组和阴性对照组颜色变化均符合产品说明书规定，则灭菌合格，反之则不合格。

2）菌片培养 7 天后，阳性对照组由紫色变成黄色，实验组和阴性对照组不变色，则灭菌合格，反之则不合格。

4. 排气口生物安全性验证

在以下情况，需检查小型压力蒸汽灭菌器排气口处是否有防止病原微生物排入环境的措施，并对其效果进行验证，确保排出的空气中没有相应的病原微生物。

用于生物安全Ⅲ级实验室（BSL-3）。

用于生物安全Ⅳ级实验室（BSL-4）。

（1）试验材料　试验所需器材和试剂如下：

1）采样器：Andersen 六级采样器。

2）培养基：选择性培养基。

3）培养箱：恒温培养箱。

4）封口膜。

（2）验证方法　按照所需检测的病原微生物特性，选择相应的选择性培养基，培养基制备完成后，分装 Andersen 六级采样器配套培养皿中，冷却后备用。

采样方法如下：

1）将制备好的培养皿装入 Andersen 六级采样器，采样器与排气口连接，用封口膜将两者密封。

2）装载灭菌器所需灭菌的物品，开启灭菌器，同时开启采样器。

3）待灭菌器排冷空气结束后，取下采样器，将培养皿放入培养箱中，培养至规定时间取出观察。

（3）评价指标　观察选择性培养基上是否有相应病原微生物。

四、示例分析

对一台型号为 SM530 的小型压力蒸汽灭菌器进行灭菌参数的校验，选择 121℃作为校验温度点，灭菌时间设定为 20min。标准器选用无线温度验证仪及无线压力验证仪，将无线温度压力验证仪的采样时间间隔设定为 30s。灭菌器内共两层隔离筐，每层隔离筐设定 3 个温度布放点，各层间按对角线位置布放。温度测量点位与灭菌内壁的距离应和样品架内壁到工作室内壁距离一致。压力测量点位布放在灭菌室底层几何中心位置。

经过一个灭菌周期后，取出无线温度验证仪及无线压力验证仪，读取温度、压力及时间等参数的实测值。被校准小型压力蒸汽灭菌器灭菌参数测得值见表 3-9。

表 3-9　被校准小型压力蒸汽灭菌器灭菌参数测得值

序号	实测温度值 /℃						实测压力值 /kPa
	1	2	3	4	5	6	
1	121.07	121.5	121.15	121.51	121.53	121.42	209.47
2	121.47	121.64	121.55	121.64	121.67	121.66	210.09
3	121.59	121.59	121.64	121.59	121.62	121.57	209.04
4	121.56	121.47	121.56	121.48	121.50	121.42	208.63
5	121.48	121.39	121.48	121.40	121.42	121.41	208.15
6	121.45	121.38	121.40	121.39	121.40	121.39	208.09
7	121.43	121.37	121.40	121.38	121.39	121.40	207.99
8	121.42	121.37	121.39	121.39	121.40	121.42	208.04
9	121.42	121.37	121.40	121.38	121.40	121.41	208.01
10	121.43	121.38	121.40	121.39	121.40	121.39	208.05
11	121.43	121.37	121.40	121.38	121.39	121.40	207.98
12	121.43	121.37	121.40	121.38	121.40	121.41	207.98
13	121.42	121.39	121.38	121.38	121.39	121.39	207.94
14	121.43	121.37	121.40	121.38	121.38	121.40	207.89
15	121.43	121.37	121.38	121.38	121.38	121.41	207.95
16	121.43	121.36	121.39	121.35	121.38	121.36	207.85
17	121.41	121.38	121.38	121.38	121.39	121.41	207.91
18	121.40	121.37	121.37	121.38	121.38	121.39	207.09
19	121.42	121.37	121.39	121.36	121.38	121.40	207.88
20	121.43	121.36	121.39	121.37	121.38	121.38	207.82
21	121.41	121.38	121.38	121.38	121.39	121.39	207.94
22	121.42	121.37	121.40	121.38	121.38	121.38	207.91
23	121.42	121.37	121.39	121.37	121.38	121.41	207.85
24	121.41	121.37	121.39	121.37	121.38	121.41	207.84
25	121.42	121.37	121.37	121.38	121.39	121.40	207.88
26	121.43	121.36	121.39	121.37	121.37	121.41	207.82
27	121.41	121.36	121.38	121.36	121.38	121.38	207.84
28	121.42	121.36	121.38	121.38	121.37	121.38	207.85
29	121.42	121.35	121.39	121.36	121.37	121.36	207.78
30	121.41	121.36	121.38	121.36	121.37	121.36	207.87
31	121.43	121.36	121.40	121.37	121.37	121.38	207.82
32	121.42	121.35	121.37	121.35	121.37	121.36	207.78
33	121.40	121.37	121.37	121.37	121.38	121.40	207.86
34	121.42	121.37	121.40	121.38	121.38	121.41	207.88
35	121.42	121.37	121.39	121.38	121.38	121.39	207.85
36	121.41	121.37	121.39	121.38	121.38	121.42	207.91
37	121.43	121.37	121.39	121.38	121.38	121.41	207.88
38	121.43	121.36	121.39	121.36	121.37	121.39	207.88
39	121.43	121.34	121.39	121.35	121.36	121.36	207.82
40	121.41	121.36	121.38	121.35	121.37	121.37	207.84
41	121.30	121.27	121.19	121.22	121.16	121.15	207.84

根据前文给出的公式进行数据处理，同时对其温度偏差的结果进行不确定度分析。

1. 被测对象

被校小型压力蒸汽灭菌器，温度分辨力为1℃，在温度点121℃进行评定。

2. 测量标准

温度验证仪，温度分辨力为0.01℃，测量时带修正值使用，不确定度为$U=0.02$℃，$k=2$。

3. 测量模型

测量模型为

$$\Delta t = t_i - t_s \tag{3-7}$$

式中 Δt——温度偏差（℃）；

t_i——灭菌保持时间内温度验证仪测得的温度（℃）；

t_s——设定的灭菌温度值（℃）。

4. 灵敏度系数及方差

对式（3-7）各分量求偏导，得到各分量的灵敏度系数：

$$c(t_i) = \partial \Delta t_i / \partial t_i = 1$$

$$c(t_s) = \partial \Delta t_i / \partial t_s = -1$$

由于$u(t_i)$与$u(t_s)$互不相关，因此小型压力蒸汽灭菌器温度偏差的合成标准不确定度方差$u_c^2(\Delta t)$为

$$u_c^2(\Delta t) = \left[c(t_i)\cdot u(t_i)\right]^2 + \left[c(t_s)\cdot u(t_s)\right]^2 \tag{3-8}$$

5. 标准不确定度的评定

小型压力蒸汽灭菌器温度偏差的不确定度来源包括：被测灭菌器测量重复性、标准器分辨力、标准器修正值以及标准器稳定性。

（1）小型压力蒸汽灭菌器温度偏差测量重复性与被校设备分辨力引入的标准不确定度u_1 用温度验证仪对小型压力蒸汽灭菌器进行10次重复测量，计算每次的温度上偏差及温度下偏差，得到一组测量列如下：

温度上偏差 Δt：0.67℃、0.62℃、0.68℃、0.69℃、0.71℃、0.59℃、0.72℃、0.66℃、0.62℃、0.71℃。

温度下偏差 Δt：0.09℃、0.07℃、0.06℃、0.11℃、0.12℃、0.08℃、0.09℃、0.12℃、0.14℃、0.13℃。

用贝塞尔公式计算标准偏差，则由重复测量引入的标准不确定度分别为：

温度上偏差：$u(\Delta t)=s(\Delta t)=0.044$℃

温度下偏差：$u(\Delta t)=s(\Delta t)=0.027$℃

被校设备的温度分辨力为1℃，区间半宽为0.5℃，服从均匀分布，则由被校设备分辨力引入的标准不确定度为

$$u_{1b}=\frac{0.5°C}{\sqrt{3}}=0.3°C$$

被校设备分辨力测量重复性引入的标准不确定度远大于测量重复性引入的标准不确定度，取其中较大者，则温度上偏差与温度下偏差的不确定度分量均为

$$u_1=u(\Delta t)=0.3℃$$

（2）标准器修正值引入的标准不确定度 u_2　标准器修正值的不确定度为 $U=0.02$℃，$k=2$，则标准器修正值引入的标准不确定度为

$$u_2=U/k=0.02℃/2=0.01℃$$

（3）标准器稳定性引入的标准不确定度 u_3　标准器年稳定性为0.10℃，按均匀分布计算，则由其引入的标准不确定度为

$$u_3=\frac{0.10°C}{\sqrt{3}}=0.058°C$$

6. 标准不确定度

温度偏差标准不确定度汇总见表3-10。

表3-10　温度偏差标准不确定度汇总

序号	标准不确定度符号	不确定度来源	标准不确定度/℃	灵敏系数 c	$\lvert c\rvert u_i$/℃
1	u_1	被校设备的温度分辨力	0.3	1	0.3
2	u_2	标准器修正值	0.010	1	0.010
3	u_3	标准器稳定性	0.058	1	0.058

7. 合成标准不确定度

温度上偏差与温度下偏差的合成标准不确定度 $u_c(\Delta t)$，u_1、u_2、u_3 互不相关，则温度偏差的合成标准不确定度 $u_c(\Delta t)$ 为

$$u_c(\Delta t)=\sqrt{u_1^2+u_2^2+u_3^2}=0.306°C$$

8. 扩展不确定度

取包含因子 $k=2$，则小型压力蒸汽灭菌器温度上偏差与温度下偏差的扩展不确定度均为

$$U = k \times u_c(\Delta t) = 0.62℃$$

即温度偏差的扩展不确定度为：$U=0.62℃$，$k=2$。

最后得到小型压力蒸汽灭菌器灭菌参数的校验结果见表 3-11。

表 3-11　小型压力蒸汽灭菌器灭菌参数的校验结果

灭菌程序	校准项目	校准结果
灭菌温度：121℃ 灭菌时间：20min	温度上偏差	0.67℃
	温度下偏差	0.07℃
	温度均匀性	0.46℃
	温度波动度	0.35℃
	灭菌保持时间	20min30s
	灭菌压力值	106.72kPa

温度上偏差测量不确定度 $U=0.62℃$，$k=2$；温度下偏差测量不确定度 $U=0.62℃$，$k=2$。

第六节　灭菌介质的质量控制

一、灭菌介质相关标准与技术规范说明

灭菌介质技术指标和质量管控的相关标准主要有：GB/T 5750.5—2006《生活饮用水标准检验方法　无机非金属指标》、GB 8538—2016《食品安全国家标准　饮用天然矿泉水检验方法》、YY/T 0646—2015《小型蒸汽灭菌器　自动控制型》、GB/T 11911—1989《水质　铁、锰的测定　火焰原子吸收分光光度法》、GB/T 12149—2017《工业循环冷却水和锅炉用水中硅的测定》、GB/T 14233.1—2008《医用输液、输血、注射器具检验方法　第 1 部分：化学分析方法》、GB/T 19971—2015《医疗保健产品灭菌　术语》等。

本节对小型医用蒸汽灭菌器灭菌介质的质量控制进行介绍，适用于医疗器械灭菌过程所使用的蒸汽的质量测试，如小型压力蒸汽灭菌器、环氧乙烷灭菌过程中所使用的蒸汽，其中包含灭菌蒸汽的非冷凝气体含量、干燥度、过热度、蒸汽冷凝物等质量参数的测试和验证方法。

二、术语和定义

（1）饱和蒸汽（saturatedsteam） 单位时间内进入蒸汽空间分子数目与返回液体中的分子数目相等时，蒸发与液化处于动态平衡的蒸汽。

（2）过热蒸汽（superheatedsteam） 温度高于相应压力下水的沸点的水蒸气。

（3）非冷凝气体（non-condensablegas） 在蒸汽灭菌条件下不会凝结的空气及其他气体。

三、蒸汽质量检测或验证

1）测试环境条件要求。环境温度：5℃ ~ 40℃；相对湿度：不大于 85%；大气压力：70kPa ~ 106kPa。

2）标准中规定的测试方法为基本测试方法，也可以使用基于此原理的其他装置检测。

3）非凝气体含量，过热度，干燥度的测试应至少进行三次以确保数据准确，可以三次结果的平均值作为最终测试结果。

四、非冷凝气体含量测试

（一）测试装置

1）滴定管：容量为 50mL，最小刻度为 1mL。

2）漏斗：最大直径约为 50mm，应有平行边。

3）容器：容量为 2000mL，应配有溢流管可将内部容量限制约为 1500mL。

4）U 形取样管：由外径为 6mm 的玻璃管和长 75mL 的叉管组成。

5）小型控制针阀：有直径 1mm 的孔，并能与蒸汽管道和橡胶取样管相连接的管件。

6）量筒：容量为 250mL，最小刻度值为 10mL。

7）滴定管架。

8）橡胶管：长（950 ± 50）mm，能自排水，能与取样管和针阀相连接。

注：空气能够渗透进硅胶管因此不使用硅胶管。

9）温度测量装置：精确度在 80℃时至少为 1℃。

（二）测试步骤

1）如图 3-9 所示，将针阀连接至蒸汽管道的取样管。

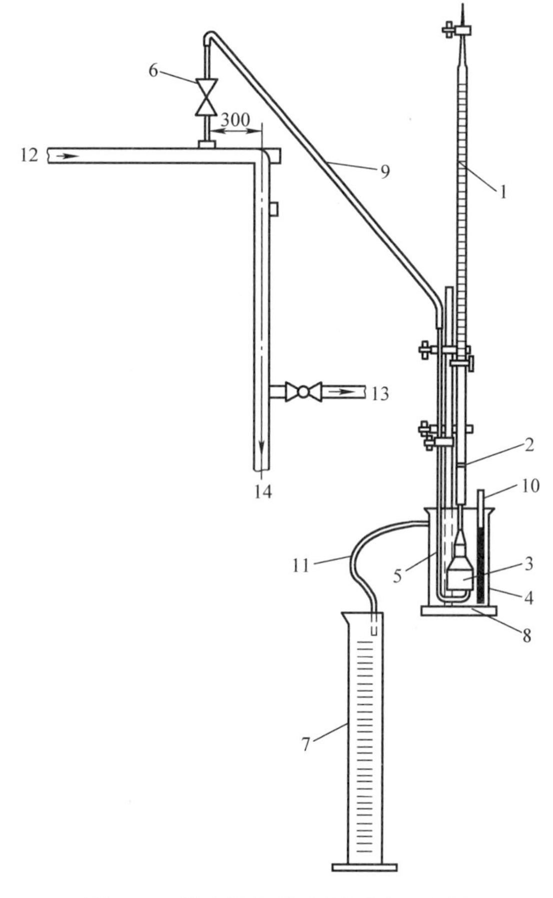

图 3-9 非冷凝气体含量测试示意图

1—50mL 滴定管 2—橡胶管 3—带平行边的漏斗 4—2000mL 容器 5—蒸汽取样管 6—针阀 7—250mL 量筒 8—滴定管架 9—橡胶管 10—温度测量装置 11—溢流管 12—蒸汽管道 13—通往灭菌器 14—通往疏水阀

2）按照图 3-9 组装测试装置，调整位置，使冷凝水能够通过橡胶管自由排放。

3）将容器内注满冷除气水（煮沸 5min 后静置，冷却至室温的水），直至水从溢流管中流出。

4）将滴定管内注入冷除气水，然后将其倒置在容器内，在此过程中确保没有空气进入滴定管。

5）将蒸汽取样管放置在容器外部，打开针阀将管道内的空气排净。将取样管放置进容器中并加入更多的冷除气水，直至水从溢流管中流出。

6）将量筒放在容器溢流口下方，并将蒸汽取样管放在漏斗中。调整针阀以允许连续的取样蒸汽进入漏斗中，足量后会听见少量“汽锤”声。应确保蒸汽进入漏斗后排放，以便在滴定管中收集到非冷凝气体。

7）在清楚针阀“打开”位置后，将其关闭。

8）启动灭菌周期前，确保量筒是空的，并且容器中已注满水。当蒸汽开始进入灭菌器灭菌室时，打开针阀，允许连续的取样蒸汽进入漏斗，足量后应能听见少量的“汽锤”声。

9）取样蒸汽应能在漏斗中凝结，非冷凝气体应能升至滴定管的顶部。由量筒收集由蒸汽冷凝水和被非冷凝气体替换排出的冷水所形成的溢流物。当容器中水温达到 70℃ ~ 75℃之间时关闭针阀。记录滴定管中排出的水量 V_b 以及量筒中收集的水量 V_c。

10）按照式（3-9）计算非冷凝气体含量：

$$C_n = (V_b / V_c) \times 100\% \quad (3\text{-}9)$$

式中 C_n——非冷凝气体的含量；

V_b——水从滴定管所流出的体积（mL）；

V_c——量筒中收集的水的体积（mL）。

五、干燥度测试

（一）测试装置

1）皮托管：其结构如图 3-10 所示，应有可连接传感器的管孔，管孔直径 *a* 应与取样蒸汽压力相匹配（见表 3-12）。

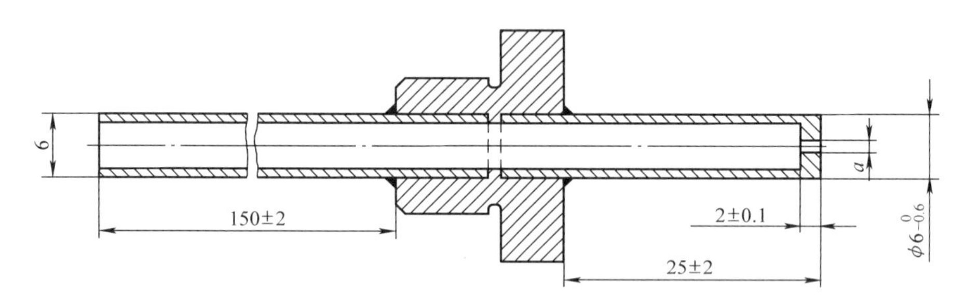

图 3-10 皮托管的结构

2）杜瓦瓶：额定容量为 1L。

3）密封件：用于密封插入蒸汽管道的温度传感器。

4）温度记录装置：温度范围 0℃ ~ 200℃，其他符合 GB 8599—2008 中 F.5 的要求。

5）温度传感器：2 个，符合 GB 8599—2008 中 F.4 的要求。

表 3-12　管孔尺寸

蒸汽压力 /MPa	管孔直径 /mm
最高 0.3	（0.8 ± 0.02）
最高 0.4	（0.6 ± 0.02）
最高 0.7	（0.4 ± 0.02）

注：表中数值仅供参考。当蒸汽压力超过给定范围时，可通过外推法确定管孔直径。

6）橡胶塞：橡胶塞上应装有两根外径为 6mm 的管子，管子插入杜瓦瓶的长度分别为 25mm 和 150mm。

注：空气会渗透进硅胶塞内，因此不推荐使用硅胶塞。

7）橡胶管：可自排水，长度为（450 ± 50）mm，可将皮托管与橡胶塞中较长管子相连接。

8）天平：称重范围至少为 2kg，精度至少为 ±0.1g。

（二）测试步骤

1）如图 3-11 所示，在蒸汽管道内同轴安装皮托管。

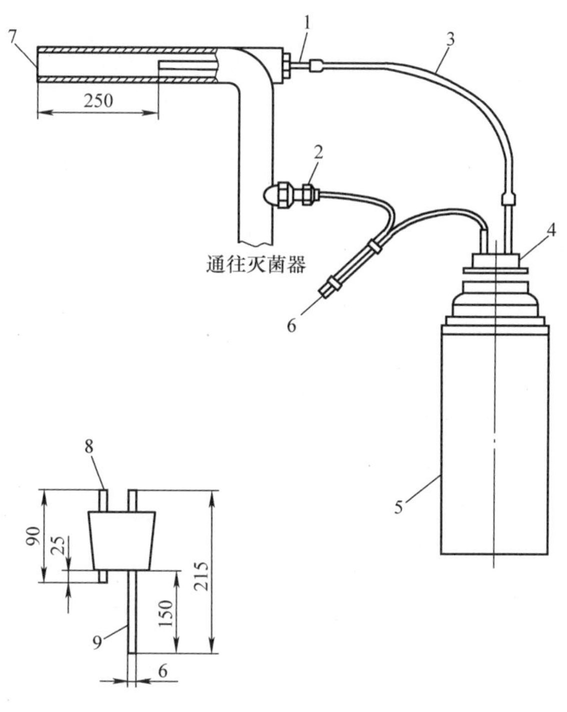

图 3-11　干燥度测试装置

1—皮托管　2—温度传感器密封件　3—橡胶管　4—橡胶管塞和管道组件　5—杜瓦瓶　6—连接温度记录装置　7—蒸汽管道　8—温度传感器及通气用管道　9—取样管

2）将一个温度传感器密封安装至蒸汽管道，将温度传感器的感温部件（探头）放置在蒸汽管道的轴心位置。

3）将橡胶管连接至橡胶塞中较长的取样管，然后将橡胶塞放入杜瓦瓶的颈部，对整个组件进行称重，记录其质量 m_e。

4）若灭菌器有多个灭菌程序可供选择时，选择灭菌温度为134℃的织物灭菌程序。

5）灭菌器空载运行一个灭菌周期。

6）拔出橡胶塞和管道组件，在杜瓦瓶中注入温度不超过27℃的水（650 ± 50）mL。重新塞入橡胶塞和管道组件，对整个组件进行称重，并且记录质量 m_s。

7）保持杜瓦瓶平衡，避免局部位置过热及过多的气流集中。

8）将标准测试包放置在灭菌器灭菌室内。

9）通过橡胶塞中较短的管路将另一个温度传感器导入杜瓦瓶中。

10）记录杜瓦瓶中液体的温度 T_1。

11）运行一个灭菌周期。当连接至灭菌室的蒸汽阀首次打开时，将橡胶管和皮托管连接，无蒸汽泄漏，确保冷凝物进入杜瓦瓶。

12）记录蒸汽温度 T_3。

13）当杜瓦瓶中的水温接近80℃时，将橡胶管和皮托管的连接断开；摇动杜瓦瓶，使瓶内液体完全混合，然后记录液体温度 T_2。

14）称重包括水、冷凝物、橡胶塞和管道组件在内的整个杜瓦瓶，记作 m_f。

15）按照式（3-10）计算蒸汽的干燥度。

$$D=\frac{(T_2-T_1)\left[c_{pw}(m_s-m_e)+A\right]}{L(m_f-m_s)}-\frac{(T_3-T_2)c_{pw}}{L} \tag{3-10}$$

式中　D——蒸汽的干燥度；

T_2——瓶中水及冷凝水的最终温度（℃）；

T_1——杜瓦瓶中水的初始温度（℃）；

c_{pw}——水的比热容 [kJ/（kg · ℃）]，取 4.18kJ/（kg · ℃）；

m_s——杜瓦瓶、橡胶塞、注入的水、管道组件和橡胶管的质量（kg）；

m_e——杜瓦瓶、橡胶塞、管道组件和橡胶管的质量（kg）；

A——装置的有效比热容（kJ/℃），取 0.24kJ/℃ ；

T_3——输送至灭菌器的饱和蒸汽的温度（℃）；

L——饱和蒸汽在温度 T_3 的汽化热（kJ/kg）；

m_f——杜瓦瓶、橡胶塞、注入的水、冷凝水、管道组件和橡胶管的质量（kg）。

六、过热度测试

（一）测试装置

1）皮托管：其结构如图 3-10 所示，管孔直径为 1mm。

2）膨胀管：其结构如图 3-12 所示，长 150mm，直径 14mm。

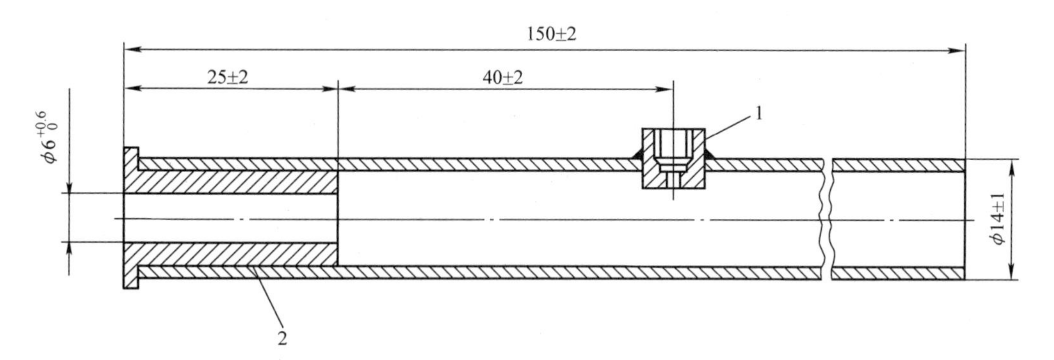

图 3-12　膨胀管的结构

1—适合温度传感器用密封定位装置　2—尼龙管套

3）温度记录装置。

4）温度传感器。

5）密封件：用于密封插入管内的温度传感器。

注：为降低密封件和温度传感器之间的热传导，可采取必要的隔热措施。

（二）测试步骤

1）如图 3-13 所示，在蒸汽管道内同轴安装皮托管。

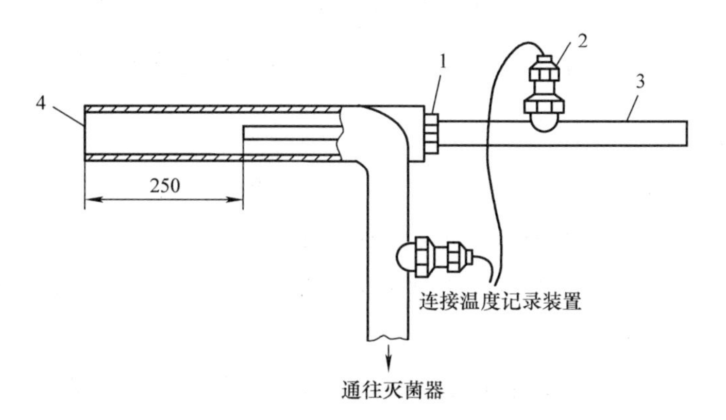

图 3-13　过热度试验装置

1—皮托管　2—温度传感器的密闭件　3—膨胀管　4—蒸汽管道

2）如图 3-11 所示，将温度传感器封装至蒸汽管道，温度传感器感温元件（探头）在蒸汽管道的轴中间位。

3）使用密封件，将另一个温度传感器封装在膨胀管内，温度传感器感温元件（探头）在膨胀管水平轴中间位。

4）将皮托管套入膨胀管。

5）连接温度传感器与温度记录装置。

6）空载运行一个灭菌周期。

7）灭菌器内满载织物，5min 内启动织物灭菌周期。

8）测试过程中，应确保蒸汽管道中测得的蒸汽温度值与干燥度测试中测得的蒸汽温度值相差不超过 3℃，需在灭菌周期结束时检查温度记录。

注：通过温度差值可以评估测试时蒸汽的压力变化，从而尽量保证测试的蒸汽是持续的、稳定的。

七、蒸汽冷凝物测试

（一）测试装置

1）皮托管：其结构如图 3-10 所示，并应留有合适的取样口。

2）聚丙烯管：长度为（5000 ± 50）mm，孔径为（6 ± 1）mm。

3）聚丙烯瓶：2 个，容量均为 250mL。

4）容器：容量至少为 8L。

5）冰：约 1kg。

6）夹具或连接器：用于聚丙烯管和皮托管的连接。

7）金属固定装置：将盘绕一定圈数的聚丙烯管保持在容器内。

（二）测试步骤

1）如图 3-11 和图 3-13 所示把皮托管插入蒸汽管道。

2）使用夹具来固定聚丙烯管和皮托管的连接。

3）打开蒸汽管道上的阀门，通过聚丙烯管排放蒸汽冷凝物至少 5min，确保冷凝物能自由排出。

4）关闭蒸汽阀门，用蒸馏水冲洗聚丙烯管的内部以及两个聚丙烯瓶，并干燥。

5）如图 3-14 所示，放置好滴定管架和聚丙烯瓶。

6）将聚丙烯管的一部分盘绕足够数量的圈数，以确保蒸汽能冷凝，将其放在容器内并通过金属固定装置的重量保持盘绕状态。

7）将足够的水和冰注入容器内将聚丙烯管浸没。

8）打开蒸汽阀门。

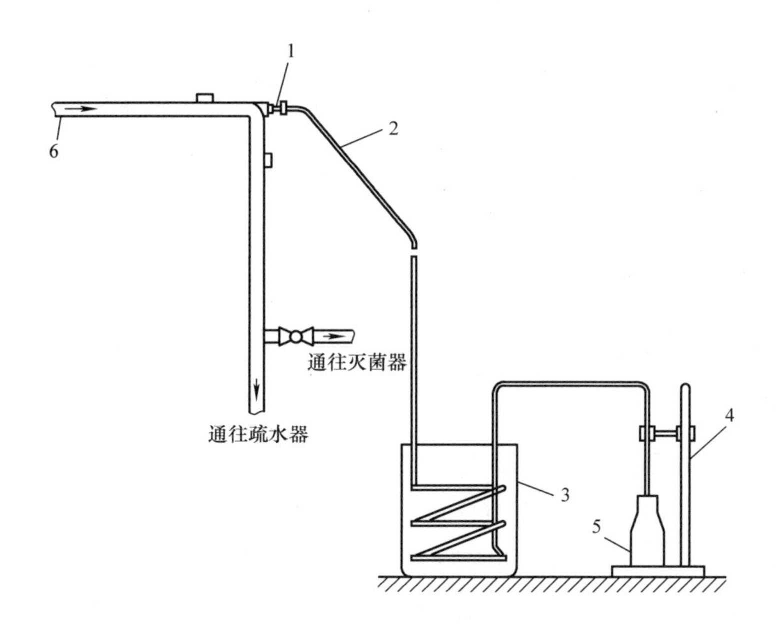

图 3-14　蒸汽冷凝物采样装置示意图

1—皮托管　2—聚丙烯管　3—8L 的容器　4—滴定管架　5—250mL 聚丙烯瓶　6—蒸汽管道

9）先排放至少 50mL 的蒸汽冷凝物后，用 1 个聚丙烯瓶收集 250mL 蒸汽冷凝物后密封待检。

10）再用 1 个聚丙烯瓶收集 250mL 蒸汽冷凝物，加入一定浓度的盐酸，使之 HCl 浓度为 0.1mol/L，密封后标记“用于金属元素测试”。

11）对收集到的蒸汽冷凝物可使用离子质谱仪进行检测，也可按照如下方法进行检测：

① 蒸汽冷凝物中二氧化硅的测定按照 GB/T 12149—2017 中氢氟酸转化分光光度法的方法试验。

② 蒸汽冷凝物中铁的测定按照 GB/T 11911—1989 或 GB 8538—2016 中的方法试验。

③ 蒸汽冷凝物中镉的测定按照 GB 8538—2016 中的方法试验。

④ 蒸汽冷凝物中铅的测定按照 GB 8538—2016 中的方法试验。

⑤ 蒸汽冷凝物中重金属的测定按照 GB/T 14233.1—2008 中的方法试验。

⑥ 蒸汽冷凝物中氯离子的测定按照 GB 8538—2016 中的方法试验。

⑦ 蒸汽冷凝物中磷酸盐的测定按照 GB/T 5750.5—2006 中的方法试验。

⑧ 使用电导率仪检测蒸汽冷凝物的电导率（25℃时）。

⑨ 蒸汽冷凝物中 pH 的测定按照 GB 8538—2016 中的方法试验。

⑩ 蒸汽冷凝物外观通过目测观察。

⑪ 蒸汽冷凝物中硬度的测定按照 GB 8538—2016 中的方法试验。

八、灭菌介质的质量控制

灭菌介质的质量控制主要有两部分，一是灭菌器用水的质量控制，二是灭菌蒸汽的质量控制。

（一）小型压力蒸汽灭菌器用水的质量控制

小型压力蒸汽灭菌器产生蒸汽使用的水源不应影响灭菌过程，损坏灭菌器或灭菌物品，为了保证蒸汽供给水质量满足要求，减少冷凝物超标，表 3-13 给出了蒸汽供给水和冷凝物测试数据参照值。通过检测和分析得出的数值与表 3-13 提供的数值对照，判断蒸汽供给水质量是否符合要求，冷凝物是否超标。

表 3-13　蒸汽供给水和冷凝物测试数据参照值

测试项目	供给水	冷凝物
蒸发残留物	≤ 10mg/L	≤ 1.0mg/kg
二氧化硅 SiO_2	≤ 1mg/L	≤ 0.1mg/kg
铁	≤ 0.2mg/L	≤ 0.1mg/kg
镉	≤ 0.005mg/L	≤ 0.005mg/kg
铅	≤ 0.05mg/L	≤ 0.05mg/kg
其他重金属	≤ 0.1mg/L	≤ 0.1mg/kg
氯化物	≤ 2mg/L	≤ 0.1mg/kg
磷酸盐	≤ 0.5mg/L	≤ 0.1mg/kg
电导率（20℃）	≤ 15μS/cm	≤ 3μS/cm
pH	5 ~ 7.5	5 ~ 7
外观	无色、清洁、无沉淀	无色、清洁、无沉淀
硬度	≤ 0.02mmol/L	≤ 0.02mmol/L

注：1. 产生蒸汽的用水，其杂质超出表中范围，将缩短灭菌器的工作寿命，会导致制造商对质量保证的无效。
2. 冷凝物指在灭菌空载情况下从灭菌室排出的蒸汽冷凝物质。

（二）灭菌蒸汽的质量控制

灭菌蒸汽的质量测试主要包括非冷凝气体含量、干燥度、过热度、蒸汽冷凝物等，可以用专用的蒸汽质量检测仪来进行测试。非冷凝气体含量、干燥度、过热度的测试应至少进行三次以确保数据准确，可以三次结果的平均值作为最终测试结果。

1. 非冷凝气体

非冷凝气体是指在蒸汽灭菌条件下不会凝结的空气及其他气体。凝结换热过程中，主要依赖相变实现热量的变换，而不凝结气体因为在灭菌过程中不发生相变，故在换热界面上不能吸热或放热，但却占用了气体流动的空间和换热面积，从而降低了换热效率。非冷凝气体在灭菌蒸汽中的含量超出正常范围，就会造成灭菌不完全，达不到灭菌效果。EN285：2015 中介绍的非冷凝气体含量测试，可用来证明蒸汽中非冷凝气体的含量不会妨碍灭菌器负载的任何部分达到灭菌条件。该试验方法不适用于在灭菌器正常使用过程中测量非冷凝气体的确切含量，仅适用于评估非冷凝气体含量是否符合灭菌要求的试验。非冷凝气体的含量可以用蒸汽质量检测仪来进行测试。其计算公式为：

$$\text{非冷凝气体含量} = \text{收集到的气体体积} / \text{收集到冷凝水的体积} \times 100\%$$

其结果应满足不超过 3.5%。

2. 干燥度

蒸汽的干燥度对于任何蒸汽灭菌室的性能都是非常重要的，特别是蒸汽要求直接接触表面进行灭菌，湿度过大的蒸汽在同样温度的情况下，会出现小水滴，在多孔材料上造成湿度负荷，在非渗透材料上产生不均匀的温度分布，造成灭菌不完全；而湿度太小则不能防止蒸汽过热。准确测量蒸汽中水分的含量是困难的，EN 285：2015 所描述的测试方法不适用于实时测量正在灭菌过程中的蒸汽水分含量，但可作为证明灭菌器蒸汽质量的方法。用蒸汽质量检测仪测的干燥度值应满足：金属负载不小于 0.95，其他负载不小于 0.90。

3. 过热度

过热度是指蒸汽的温度和当地大气压下水的沸点的差值。过热蒸汽是指温度高于相应压力下水的沸点的水蒸气。EN 285：2015 介绍的测量方法更适用于蒸汽管路供气的大型蒸汽灭菌设备，根据小型蒸汽灭菌器的结构和原理，推荐另外两种测量蒸汽温度的方法，一是使用数字温度测试仪进行实时测量，应选用三线或四线铂电阻温度传感器，其线径应尽可能细，通过与灭菌器配套的引线器将传感器放置到灭菌器内的测量位置，二是使用无线温度记录仪进行测量，将无线温度记录仪直接放置到灭菌器内的测量位置进行灭菌试验，结束后取出记录仪读取整个过程的温度记录曲线。测得的蒸汽温度减掉当地大气压下水的沸点，其结果应小于 25℃。

4. 蒸汽冷凝物

蒸汽冷凝物的收集应按照 EN 285：2015 或 YY/T 1612—2018 的方法进行收集。对收集到的蒸汽冷凝物的检测可按照前面“七、蒸汽冷凝物测试”的方法进行。

第七节　标准值的意义

一、小型压力蒸汽灭菌器使用中应知应会的标准值

（一）灭菌用水

灭菌设备用水根据情况可分为灭菌室产生蒸汽的用水、灭菌器用于产生蒸汽之外的用水。

1. 灭菌室产生蒸汽的用水

小型压力蒸汽灭菌器使用的水源不应影响灭菌过程，损坏灭菌器或灭菌物品。为了保证蒸汽供给水质量满足要求，减少冷凝物超标，可以依据表 3-13 蒸汽供给水和冷凝物测试数据参照值，判断蒸汽供给水质量是否符合要求，冷凝物是否超标。

推荐使用电导率≤ 5μS/cm（25℃时）的纯水，具有以下几个优点：

1）不会对器械造成二次污染，反之蒸汽质量差将可能引起器械包“黄包”“白斑”等现象发生。

2）降低器械生锈概率，若碳元素含量、铁元素含量过高就容易造成器械锈蚀。

3）用水电导率低，表示杂质少，有效地降低了蒸汽发生器等产汽设备水垢的生成速度，减少其加热管、配件电器元件的损伤。

2. 小型压力蒸汽灭菌器产生蒸汽之外的用水

设备运行真空泵用水以及设备冷却用水：通常为自来水，水压宜控制在（0.15 ~ 0.3）MPa，水温范围由制造商规定。

注：因为会影响真空性能，水的温度要尽量低，水温偏高可能会影响真空度。

水的硬度宜在 0.7mmol/L 到 2mmol/L 之间，超过此范围会导致结垢或腐蚀。

（二）灭菌用电

小型压力蒸汽灭菌器用电分为交流和直流，交流是220V家用电或380V三相动力电，用于灭菌器真空泵、电加热管、蒸汽发生器等部件的供电；直流是24V控制用电源，用于灭菌器电磁阀门的控制。

（三）压缩空气

压缩空气由空气压缩机产生，实现对灭菌器气动阀（包括设备进水、进气阀门）的开 / 关，其压力通常为（0.6～0.8）MPa。

（四）蒸汽气源压力

蒸汽气源压力指灭菌器内部自发生的蒸汽压力，其压力通常为（0.3～0.5）MPa。其压力越高，温度越高，蒸汽饱和度越高，从而最大程度降低湿包等情况的出现。

（五）灭菌负载

在灭菌室内接受灭菌处理的物品（简称负载）称为灭菌负载。

灭菌室腔体容积不超过60L，不能装下一个灭菌单元（300mm × 300mm × 600mm）。

灭菌 - 负载范围：有包装和无包装的实心负载、多孔渗透性物品、小量多孔渗透性条状物、A类空腔负载、B类空腔负载、单层包装物品和多层包装物品。

满载：按生产厂家说明书规定方式摆放的最高装载量。

（六）灭菌温度

《医疗机构消毒技术规范》规定的杀灭相应微生物的饱和蒸汽温度称为灭菌温度。

1）下排气式小型压力蒸汽灭菌器灭菌温度通常为121℃。

2）预真空式小型压力蒸汽灭菌器灭菌温度通常为（132～134）℃。

3）实际灭菌温度应在灭菌温度带以内，即不低于灭菌温度，不超过灭菌温度3℃。

温度偏差：在灭菌保持时间内，灭菌室内各测量点实测最高温度和最低温度与设定灭菌温度的偏差。

温度均匀度：在灭菌保持时间内，各测量点的最高温度与最低温度差值的最大值。

温度波动度：在灭菌保持时间内，灭菌室内各测量点最高温度和最低温度的差值的一半的最大值，冠以“±”号。

（七）灭菌压力

灭菌压力：小型压力蒸汽灭菌器运行达到指定温度时的压力对应范围。

1）下排气式小型压力蒸汽灭菌器运行达到温度 121℃时压力为：102.8kPa ~ 122.9kPa。

2）预真空式小型压力蒸汽灭菌器运行达到温度 132℃时压力为：184.4kPa ~ 210.7kPa。

3）真空式小型压力蒸汽灭菌器运行达到温度 134℃时压力为：210.7kPa ~ 229.3kPa。

压力示值误差：在灭菌保持时间内，灭菌设备压力显示值的平均值与压力测量标准实测压力平均值的差值与灭菌压力指示表量程的比值。

灭菌室动态压力：灭菌器周期过程中任意 2s 间隔内的压力变化应不超过 1000kPa/min。

（八）灭菌时间

灭菌时间：平衡时间加上维持时间。

平衡时间：从灭菌室达到灭菌温度开始到负载各部分均达到灭菌温度所需要的时间。

平衡时间应不超过 15s；如果同时满足下面两个条件，平衡时间不超过 30s 也可接受：

1）理论蒸汽温度在升温阶段的最后 10℃范围内，上升速度低于 8℃ /min 但大于 1℃ /min。

2）在升温阶段的最后 10℃范围内，灭菌室、所有灭菌负载的测量温度和理论蒸汽温度之间相差不大于 2℃。

维持时间：灭菌室内参考测量点及负载各部分的温度均连续保持在灭菌温度范围内的时间。

维持时间紧跟着在平衡时间之后，时间长短与灭菌温度有关。

1）当设定的灭菌温度为 121℃、126℃和 134℃时，维持时间应分别不小于 15min、10min 和 3min。

2）在整个维持时间内，所有的可用空间的负载内的测量温度应不低于灭菌温度，不超过灭菌温度 4℃，任意两点之间不超过 2℃。

灭菌周期：灭菌器在灭菌过程中完成的控制周期。

灭菌周期分类：根据灭菌过程完成的周期进行分类，见表 3-14。

表 3-14　灭菌周期分类

类型	预期使用的说明
B	至少包括用于有包装和无包装的实心负载，A 类空腔负载和标准中要求作为检测用的多孔渗透性负载的灭菌周期
N	只用于无包装的实心负载灭菌周期
S	用于制造商规定的特殊灭菌物品，包括无包装的实心负载和至少以下一种情况，多孔渗透性物品、小量多孔渗透性条状物、A 类空腔负载、B 类空腔负载、单层包装物品和多层包装物品的灭菌周期

注：1. 无包装负载灭菌后应立即使用或在清洁状态下存储、运输和应用（例如防止交叉感染）。
2. 不同分类的灭菌周期只能应用于指定类型物品的灭菌，对于一个特定的负载，灭菌器的选择，灭菌周期的选择和媒介的提供可能不适合，所以对于特定负载的灭菌过程需要通过验证。

二、检测结果对灭菌器使用方的计量确认

（一）温度参数

根据 YY/T 0646—2015《小型蒸汽灭菌器　自动控制型》和 JJF 1308—2011《医用热力灭菌设备温度计校准规范》对灭菌器使用方温度参数进行计量确认，具体要求如下：

1. YY/T 0646—2015《小型蒸汽灭菌器　自动控制型》

（1）灭菌温度　由制造商规定，可在 115℃ ~ 138℃范围内设定。

（2）灭菌室的温度指示仪表

1）数字式或模拟式。

2）温度单位为摄氏度（℃）。

3）数值范围应大于 50℃ ~ 150℃。

4）在 50℃ ~ 150℃的数值范围内，精度至少为 ±2℃。

5）对于模拟式仪表，刻度分度值不大于 2℃。

6）对于数字式仪表分辨力为 0.1℃或更好。

7）当用于控制功能时，应有传感器故障保护功能。

8）在温度数值范围内，环境温度误差补偿不大于 0.04℃ /℃。

9）在不拆分仪表的情况下，使用辅助工具可进行现场调节。

10）检测水温时响应时间 $t_{0.9} < 5s$。

注：仪表调整部分应易于观察。

（3）温度记录装置

模拟式温度记录装置：

1）图表中的温度数据的单位为摄氏度（℃）。

2）图表中的温度的刻度分度值应不大于 2℃。

3）数值范围应包含 50℃ ~ 150℃。

4）在 50℃ ~ 150℃的数值范围内，精度至少为 ±1%。

5）分辨力为 0.1℃或更好。

6）灭菌温度记录调整范围应不大于 ±1℃。

7）每条采样通道至少每 2.5s 采样一次。

8）每条采样通道至少每 2.5s 打印一次。

数字式温度记录记录装置：

1）可记录文字或符号。

2）数据的记录表示为文本或图形。

3）记录纸张的宽度为每行至少 15 个字符。

4）数值范围应包含 50℃ ~ 150℃。

5）在 50℃ ~ 150℃的数值范围内，精度至少为 ±1%。

6）灭菌温度记录调整范围应不大于 ±1℃。

7）分辨力为 0.1℃或更好。

8）每条采样通道应至少每 2.5s 采样一次。

（4）对于灭菌温度分别为 121℃、126℃、134℃的灭菌器小负载和满负载的温度试验要求

1）灭菌温度范围下限为灭菌温度，上限应不超过灭菌温度 +3℃。

2）在灭菌时间：在标准测试包上方测量比在灭菌室参考测量点测得的温度在 60s 后应不超过 2℃。

3）在维持时间：灭菌器温度应在灭菌温度范围内。灭菌室参考测量点测得的温度、标准测试包中作一测试点的温度，以及根据灭菌室压力计算所得的对应蒸汽温度应符合同一时刻各点之间的差值应不超过 2℃。

2. JJF 1308—2011《医用热力灭菌设备温度计校准规范》

（1）灭菌器被校准温度计计量特性

1）被校准温度计使用范围：室温至 150℃。

2）被校准温度计示值误差：±0.5℃。

3）温度波动度：±1℃。

4）温度分布均匀性：≤ 2℃。

5）灭菌温度带：≤ 3℃。

（2）校准负载条件及测量标准

1）负载条件：在空载条件下校准。

2）所使用的参考温度计应满足不破坏灭菌设备及其正常运行条件（如：不能破设备密封性能）的要求。

3）工作温度范围应满足校准所需温度范围；分辨力优于 0.1℃；校准结果修正后的扩展不确定度（k=2）：优于 0.15℃；校准周期内稳定性优于 ±0.15℃。

（3）灭菌室的温度指示仪表　依据《JJF 1308—2011 医用热力灭菌设备温度计校准规范》对温度指示仪表的计量性能进行校准。

（二）压力参数

根据 YY/T 0646—2015《小型蒸汽灭菌器　自动控制型》和 JJG 52—2013《弹性元件式一般压力表、压力真空表和真空表检定规程》对灭菌器使用方压力参数进行计量确认，具体要求如下。

1. YY/T 0646—2015《小型蒸汽灭菌器　自动控制型》

（1）压力基本参数　额定工作压力小于 0.25MPa。

（2）灭菌室的压力指示仪表

1）数字式或模拟式。

2）压力单位为 kPa 或 MPa。

3）当灭菌周期包含真空阶段，压力仪表数值范围为 0kPa 到 1.3 倍的最大允许工作压力或 −100kPa 到 1.3 倍的最大允许工作压力，所给的压力值为绝对压力值。

4）当灭菌周期不包含真空阶段，压力仪表数值范围为 100kPa 到 1.3 倍的最大允许压力或 0kPa 到 1.3 倍的最大允许工作压力，所给的压力值为绝对压力值。

5）在数值范围内精度至少为 ±5kPa。

6）模拟式仪表，刻度分度不大于 20kPa。

7）数据式仪表的分辨率为 1kPa 或更好。

8）当用于控制功能时，应有传感器故障保护功能。

9）数值范围内，周围环境温度的误差补偿不超过 0.04%/℃。

10）灭菌室压力仪表需要调整时，使用辅助工具可进行现场调节。

注：仪表调整部分应易于观察。

（3）压力记录装置

模拟式压力记录装置应为：

1）图表中压力数据的单位为 kPa 或 MPa。

2）数值范围应包含 0kPa ~ 400kPa 或 -100kPa ~ 300kPa。

3）在 0kPa ~ 400kPa 或 -100kPa ~ 300kPa 的数值范围内精度至少为 ±1.6%。

4）当灭菌周期没有真空阶段，数值范围应至少包含 0kPa ~ 400kPa。

5）当灭菌周期没有真空阶段，0kPa ~ 400kPa 的数值范围内精度至少应为 ±1.6%。

6）每条采样通道至少每 2.5s 采样一次。

7）每条采样通道至少每 2.5s 打印一次。

8）图表中压力的数值划分应不大于 20kPa。

9）分辨力为 5kPa 或更好。

10）测量工作压力时，精度至少应为 ±5kPa。

数字式压力记录装置应为：

1）可记录文字或符号。

2）数据的记录表示为文本或图形。

3）纸的宽度不小于每行 15 个字符。

4）数值范围至少应包含 0kPa ~ 400kPa 或 -100kPa ~ 300kPa。

5）在 0kPa ~ 400kPa 或 -100kPa ~ 300kPa 的数值范围内精度至少为 ±1.6%。

6）若灭菌器没有真空阶段，数值范围应包含 0kPa ~ 400kPa。

7）若灭菌器没有真空阶段，在 0kPa ~ 400kPa 的数值范围内精度至少为 ±1.6%。

8）工作压力调节误差应不大于 ±5kPa。

9）每条采样通道应至少每 2.5s 采样一次。

10）分辨力应不大于 0.1kPa。

2. 灭菌室压力指示仪表

依据 JJG 52—2013《弹性元件式一般压力表、压力真空表和真空表检定规程》对灭菌室压力指示仪表的计量性能进行检定，根据各项检定结果判定该压力指示仪表合格或不合格。

（三）时间参数

根据 YY/T 0646—2015《小型蒸汽灭菌器　自动控制型》和 JJG 238—2018《时间间隔测量仪检定规程》对灭菌器使用方时间参数进行计量确认，具体要求如下。

1. YY/T 0646—2015《小型蒸汽灭菌器　自动控制型》

1）模拟式记录装置的时间刻度不少于 4mm/min。

2）标记的时间单位为秒（s）、分钟（min）和其他。

3）不大于 5min 的时间范围内，时间误差应小于 ±2.5%。

4）5min 以上的时间范围内，时间误差应小于 ±1%。

5）对于灭菌温度分别为 121℃、126℃和 134℃的灭菌器，灭菌温度维持时间应分别不小于 15min、10min 和 3min。

2. JJG 238—2018《时间间隔测量仪检定规程》

依据 JJG 238—2018《时间间隔测量仪检定规程》对灭菌器时间指示器的计量性能进行校准。

三、检测结果对小型压力蒸汽灭菌器质量控制的意义

（一）对厂家维修、调试在用小型压力蒸汽灭菌器的作用

小型压力蒸汽灭菌器的检测，是指用温度压力检测仪，对灭菌器的温度、压力和时间等参数进行检测，是出于设备定期维护和校准的目的而进行的定期检测。

根据 WS 310.3—2016 的要求，每年定期对灭菌器监测时需使用温度压力检测仪监测温度、压力和时间等参数。为保障灭菌质量首先需要确保灭菌器性能良好。

小型压力蒸汽灭菌器自配的物理监测探头直接暴露于管道中，只能显示灭菌器腔的温度变化，并不能客观反映灭菌包内部的实际灭菌温度，也不能及时提示灭菌失败的风险。温度压力检测仪的温度探头放置在标准测试包中，模拟了最难灭菌的棉布包。当蒸汽穿透能力下降、标准测试包内有残留的不可冷凝气体时，标准测试包内的实测温度、时间等参数就不满足灭菌的要求。

由于灭菌器自配温度探头裸露导致的失真现象，定期对灭菌器进行检测弥补了灭菌器在使用过程中的平衡时间、温度均匀性、最低灭菌温度和最高灭菌温度监测的空白，从而为灭菌器的安全使用和管理提供了新的思路，对灭菌器维修、保养提供了相关的建议。定期检测可以及时发现设备异常，确保灭菌工作能够有效进行，并对灭菌器的合理检测频率提供科学依据。

某医院对脉动真空灭菌器进行温度、压力等参数的检测，在对此灭菌器检测中发现灭菌温度达不到灭菌器选项程序的灭菌温度，并且灭菌器压力显示异常。

（1）实际温度达不到正常灭菌温度　进入选定程序后，夹层和内室压力表显示正常，但实际温度达不到正常灭菌温度。经现场分析该情况为灭菌器漏气引起。检查方法为泄漏测试。具体操作为：打开设备电源，关闭灭菌器门，点击程序运行选项中的维护，选择泄漏测试程序。整个试验运行时间约 30min，程序运行至保压时

设备开始保压试验，观察是否有泄漏。程序自动运行保压流程，依据实时监测的打印数据并判断试验结果。泄漏的常见原因如下：

1）灭菌器门密封条故障。灭菌器门密封条因长时间使用导致老化、变形和损坏而造成密封不严。解决方法为取下密封条用弱碱性清洗剂清洗后进行观察，必要时更换新密封条。

2）灭菌器单向阀故障。单向阀长期处于高温状态，长时间运行过程中出现老化或蒸汽管道中长期聚集的杂质堵塞。解决方法是将单项阀拆卸后进行检查，检查其密封垫圈是否有老化或损坏现象，其次是用压力气枪检查单向阀的通畅情况，如是小的堵塞可以利用气枪疏通单向阀，必要时进行更换。

3）气动阀故障。气动阀关闭不严也会导致腔体密封故障，故压缩机压力应控制在（0.6 ~ 0.8）MPa，保证气动阀的正常工作。

（2）设备压力显示异常　表现在设备开启电源后压力显示异常或未启动程序时显示屏显示压力异常并无法关闭和开启灭菌器门。压力异常的原因有以下几种：

1）显示屏故障。点击显示屏时不能执行操作程序或错误执行程序，发生此现象主要是由于设备运行时间长造成元器件老化、自动充电 24V 电源（DC 24V 电源）故障等。解决办法为检查显示屏与灭菌器连接线路和 DC 24V 电源，检查显示屏主板，必要时更换显示屏。

2）压力变送器故障。压力变送器正常工作一般需满足 20mA/30V 的电路通路，在疑似故障时可用万用表进行测试。必要时对压力变送器进行更换或维修。

3）压力控制器故障。压力控制器主要调节进气压力，将夹层的工作压力控制在一定范围，调节压力控制器时可观察压力是否有变化，若压力值随着调节值有对应变化则可证实其工作正常。

WS 310.3《医院消毒供应中心第 3 部分：清洗消毒及灭菌效果监测标准》规定小型压力蒸汽灭菌器每年应使用温度压力检测仪检测温度、压力和时间等参数，及时发现问题，降低感染风险。当灭菌器发生故障时，需要使用温度压力检测仪反复进行灭菌参数的验证。需要多次维修和更多次的灭菌参数检测，该过程需要灭菌器生产厂家、计量技术机构和医院紧密合作完成。

（二）加强国家法律法规和规范宣贯

根据《消毒管理办法》《消毒产品分类目录》，小型压力蒸汽灭菌器属于消毒器械类的消毒产品，上市前应当按照《消毒产品卫生安全评价技术要求》规定，对产品进行卫生安全评价，评价合格后方可上市销售。同时我们注意到，按照《医疗器械监督管理条例》《医疗器械分类目录》，小型压力蒸汽灭菌器属于用于医疗器械消毒灭菌的医疗器械，须经药品监管部门审批。因此，医疗机构在采购前应当查验并索取相关的资质证明。要加强灭菌器相关标准、规范的培训，引导医疗机构按照需求采购和使用灭菌器。

（三）医疗机构要加强自身管理

要建立小型压力蒸汽灭菌器使用管理制度、操作规程或手册，操作规程或手册应当根据不同类别的灭菌器分别描述其负载的类别、最大容量、负载适用的灭菌程序、不同负载的清洗消毒要求等具体事项。做好人员培训，熟练掌握灭菌器的工作原理和容易发生故障的原因，正确选择灭菌设备和灭菌程序。医疗机构应采取集中管理的方式，对所有需要消毒或灭菌后重复使用的诊疗器械、器具和物品由 CSSD 负责回收、清洗、消毒、灭菌和供应，对于暂不能实现集中管理的小型压力蒸汽灭菌器要配备相关设施设备。按要求开展消毒效果监测、建立完善的清洗消毒追溯记录，定期对灭菌器进行检定，评估运行状况，对灭菌器进行保养和维护，使之处于良好的运行状态。

（四）监管部门应加强监管

首先是加强对小型压力蒸汽灭菌器进货验收环节的检查，保证购进的灭菌器合法有效；其次，加强灭菌器灭菌负载、灭菌程序的检查，保证其按照规定的范围和方法正确使用；第三要加强灭菌器常规监测的检查，保证灭菌效果。近年来，在“互联网＋监管”的引领下，探索小型压力蒸汽灭菌器在线监测，对于加强监管具有重要意义。作为监管部门，在指导的同时，应当对违法违规行为予以查处。

第四章 Chapter

小型压力蒸汽灭菌器使用异常案例及常见故障分析 4

小型压力蒸汽灭菌器在使用过程中，由于设备自身老化、参数设置不当、操作人员操作失误等原因，经常会有一些异常情况的发生。异常情况发生后，操作人员应该立刻通知相关部门和设备维修人员，并协助设备维修人员对设备出现问题的原因进行分析和维修。

本章根据灭菌程序运行过程中的各个环节、灭菌结果中可能出现的问题，结合 GB/T 30690—2014《小型压力蒸汽灭菌器灭菌效果监测方法和评价要求》、YY/T 0646—2015《小型蒸汽灭菌器　自动控制型》等标准技术要求及小型压力蒸汽灭菌器的原理和结构，通过分析问题出现的可能原因，提出问题的解决办法，帮助维修人员快速、准确、便捷地分析问题、解决问题。

第一节　小型压力蒸汽灭菌器使用异常案例

一、仪器原因引起的故障

这类故障多与相关元器件的使用寿命有关，因为是设备内部元器件老化所导致的，所以是必然会发生的故障。元器件及配件长期使用后均会产生故障，各类型的元器件使用寿命相差很大，因此要让设备能长期正常工作首先应对易损元器件加强日常维护保养，同时还需定期检查更换易损元器件。

案例 1. 因预热加热部件引起的故障

（1）故障现象　某型小型压力蒸汽灭菌器在按下开始键后发出“嘀嘀”的报警声音，程序无法启动。屏幕上显示“预热故障”信息。

（2）原因分析　从说明书信息得知，该错误是预热器件在规定时间内无法达到设定值导致。用手触摸腔体内壁，发现温度几乎还是室温，而没有达到规定的预热温度，从此特征可以初步判断为预热加热部件可能没有工作。找到预热部件电源火线和零线，拔下插头检测预热电阻丝电阻（见图 4-1），测量值为无穷大。由于该部件的电阻值正常情况下大致为 50Ω 左右，无穷大代表电阻断开。可以判定加热电阻丝烧断，需要更换加热电阻丝。

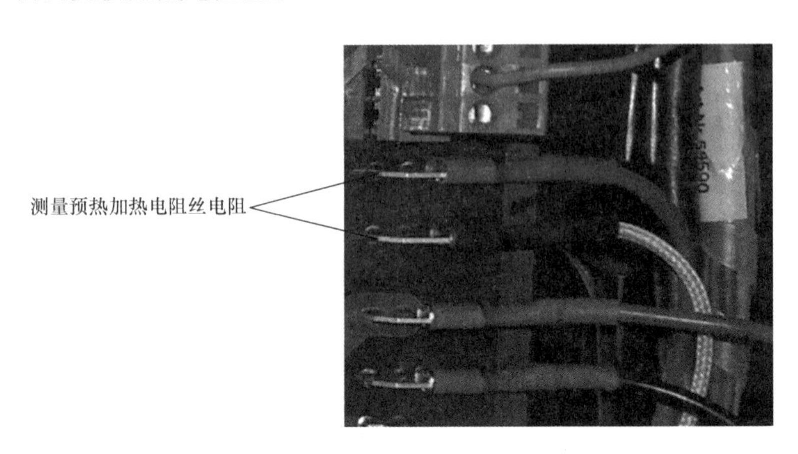

图 4-1　测量预热加热电阻丝电阻

（3）处理措施　更换电阻丝后，设备恢复正常，故障解除。

（4）案例启示　该故障属于报警提示类故障，可按提示信息查找故障原因。为了更好地保持灭菌过程的温度，一般灭菌器的腔体外围会有加热保温层。每天第一次开机时都需要等待数分钟，直到达到设定的预热温度（一般在 100℃到 120℃之间）。如果预热器件损坏，导致温度无法到达预设值时，需要检查加热部件是否损坏。一般预热器件为电阻型加热丝，测量其电阻值即可得知其当前是否正常。如有损坏，则可以更换加热电阻丝，如果加热电阻丝正常，则应检查其熔丝是否损坏。

案例 2. 因水泵异常引起的故障

（1）故障现象　某小型压力蒸汽灭菌器在按下开始键后发出“嘀嘀”的报警声音，程序无法启动。屏幕上显示“检查蒸馏水”信息。

（2）原因分析　查阅技术手册得知，该故障属于蒸馏水水量未能达到机器所需的流量值导致，因此应对蒸馏水管路及相关器件进行检查。

（3）处理措施　按照先简单后复杂的思路对蒸馏水路进行逐级检查。

1）查看蒸馏水水箱 / 水桶中是否存在足量的蒸馏水。检查结果：水量足够。

2）检查蒸馏水吸水管路是否松脱。检查结果：没有问题。

3）检查蒸馏水泵（见图 4-2）是否在按下程序开始键后有泵水的工作声音。检查结果：没有声音。从该现象可得知，蒸馏水泵没有启动。

图 4-2　蒸馏水泵

4）使用灭菌器的控制程序对该蒸馏水泵进行单独测试，发现该水泵通电后无法正常工作。这样就可以判断是该水泵内部出现了问题。

5）更换水泵后机器工作正常。

（4）案例启示　一般小型压力蒸汽灭菌器在程序正式启动之前，需要将灭菌用蒸馏水打入蒸汽发生器内部。如果设备对蒸馏水检测时发生问题，则程序无法正常启动。此类问题一般包括以下几种：

1）蒸馏水水质不符合标准值而导致机器报警。该问题比较简单，一般更换蒸馏水即可解决问题。当然也可能是探头被污染，即使更换了蒸馏水也会出现持续报警的情况。这种情况下需要检查探头，必要时清理或更换探头。

2）蒸馏水流量检测器无法检测到所需的水流流量导致报警。此类问题一般出现在运行时间较久的机器上。蒸馏水的流动需要蒸馏水泵作为其流动动力源，如果水泵不工作或泵水能力下降，或水管内部堵塞，都会引起这类报警信息。可以采取先简单后复杂的思路来处理。如先检查是否蒸馏水箱里没有足够的蒸馏水，蒸馏水水路滤芯是否堵塞，蒸馏水管接头是否松动或松脱，有时只是这种小问题导致的故障报警，可以很快就排除故障现象。如果检查了这些点后，仍不能解决问题，则需要按照技术手册来对水泵、水泵电磁阀、流量传感器进行检测。

案例 3. 因电磁阀及保护电路断路器异常引起的故障

（1）故障现象　屏幕上显示错误代码：Error 13，即在一定时间内，数字进水压力开关 DIN3 未打开，无冷却水供给灭菌器。

（2）原因分析　灭菌器冷却水压力不足或无冷却水提供，导致错误报警。故障应出现在冷却水回路，包括冷却水管、进水阀、冷却水过滤器、真空泵、电动机和保护电路断路器等。

（3）处理措施　检查冷却水进水阀是否打开，检查发现冷水阀处于开启状态。再用压力表检测冷却水压力，显示值为 8.6kPa，大于要求的压力 8.0kPa，说明压力正常。进一步检查冷却水管和灭菌器连接处的过滤器，也没有发现堵塞现象。检查真空泵发现其未正常启动，进一步检查电动机保护电路断路器，发现电动机未自动保护，用螺钉旋具旋转电动机能正常旋转。测量电动机保护电路断路器在通电状态下的电流，小于 3.5A 要求的电流，判定保护电路断路器出现故障，更换断路器后机器正常运行，故障排除。

（4）案例启示　应随时检查电动机的保护电路断路器，使其电流值达到正常范围。

案例 4. 因舱门系统异常引起的故障

（1）故障现象　灭菌器显示警告信息：空气泄漏率超过允许范围。

（2）原因分析　由于改型灭菌器在运行前会自动进行真空检测。此条警告信息显示，在进行真空检测时，空气泄漏率超过允许范围。据此应首先检查舱门关闭状态是否正常，同时检查舱门上密封圈是否老化变形，舱体边沿是否有杂物，真空阀门、气体管理和接口是否正常。

（3）处理措施　检查发现，舱门上密封圈因使用时间过长而发生老化变形，导致密封圈与舱门内密封圈卡槽衔接不紧密。更换密封圈，待灭菌器温度降至室温后重新进行真空测试程序，无警告信息出现，故障排除。

（4）案例启示　真空小型压力蒸汽灭菌器抽真空是为了将舱体内的冷空气排尽。若真空测试时出现空气泄漏则会导致舱体内残留冷空气，影响蒸汽穿透力、灭菌温度和灭菌质量。因此，必须及时清洁灭菌器外部、舱门、密封圈及舱体边沿，以保证门的密封性。同时，确保杂物不会进入灭菌器内的管道中，以免造成堵塞。定期用硅树脂润滑油润滑舱门锁上的螺钉和门铰链，以确保舱门能够顺利打开和关闭，定期对灭菌器的真空阀、密封圈和舱门进行检查，若有损坏及时更换，以保证灭菌器的抽真空效果。

案例 5. 因锁闭电控系统异常报警引起的故障

（1）故障现象　某型号灭菌器启动时显示错误代码：Error 12，即关门后锁闭接点 DIN5 的闭合时间超过最大允许时间，舱门的锁闭接点 DIN5 在所需时间周期内未转换。

（2）原因分析　在正常情况下，灭菌器开机通电后螺栓棒是被吸住的，当按下启动键启动灭菌器工作 5s 内螺栓棒弹出，从而将舱门锁住，锁闭接点 DIN5 闭合。但若在 5s 内，检测器未检测到 DIN5 闭合，则发送信号给控制电路板进行报警。

（3）处理措施　将灭菌器外壳拆开，找到控制门锁的螺栓棒，为螺栓棒和两个控制模块供电的是一个将 220V 交流电压转换成 110V 直流电压的电源。测量变压器两端电压，均正常。进一步观察发现，螺栓棒因使用时间久已经生锈，不能自如地移动，导致锁闭接点 DIN5 闭合时间超过 5s，从而引发故障报警。更换新螺栓棒组件后设备运行正常，故障排除。

（4）案例启示　面对该类故障，应定期用硅树脂润滑油润滑舱门锁上的螺钉和门铰链外，还应润滑舱门锁螺栓棒移动组件，防止生锈，并确保灭菌器舱门在打开和关闭时无损耗。

案例 6. 因蒸馏水系统异常报警引起的故障

（1）故障现象　某型号灭菌器显示警告信息：Water quality bad，Replace cartridge/module。此时按开始按钮可以启动灭菌器，但在下次使用时再次出现相同的警告信息。

（2）原因分析　查阅说明书可知，该型号灭菌器具有自动检测产生蒸汽的蒸馏水的电导率功能。当灭菌器检测到蒸馏水电导率大于 30μS/cm 而未达到 65μS/cm 时会显示上述警告信息。此时在人工操作下可继续使用灭菌器。若蒸馏水的电导率大于 65μS/cm，机器会显示：Water quality insufficient，No start possible，Acknowledge with button，此时灭菌程序无法启动。

（3）处理措施　首先清空蒸馏水储水箱内所有余水，再用蒸馏水彻底清洗储水箱、吸水管路及吸水管路过滤器。清洗后再启动运行，无警告信息出现，故障排除。

（4）案例启示　小型压力蒸汽灭菌器工作时要求使用蒸馏水或去离子水。若灭菌器使用水质不达标的蒸馏水会使水垢沉积在灭菌器传感器表面，造成细管路堵塞，使传感器工作失常，最终影响灭菌器的正常使用，并会在灭菌的医疗器械表面干燥后形成水斑，影响医疗器械的性能。为了保证灭菌设备的正常运行、保证灭菌效果，应定期清洗灭菌器的蒸馏水储水箱、吸水管路及吸水管路过滤器，避免蒸馏水被污染。应定期对蒸馏水的电导率进行检测，如发现蒸馏水的电导率大于 10μS/cm，则应考虑蒸馏水已被污染的可能性。

案例 7. 因蒸汽发生器引起的故障

（1）故障现象　机器开始运行程序一段时间后，发出“嘀嘀”的报警声音。屏幕上显示“蒸汽发生器”报警信息。

（2）原因分析　查询设备技术手册得知该故障属于加热类故障。

（3）处理措施　先检查外部因素，例如是否超载、供电电压是否正常等。检查结果均正常。再检查机器内部部件，检查步骤如下：

1）测量在程序运行升温时，主板输出端是否有 220V 电压输出。若升温步骤下没有电压输出，则主板输出端损坏，需要更换主板。

2）测量在开机且不运行程序的情况下，主板输出端是否有不正常电压输出。大于 1V 都不正常，需要更换主板。

3）测量蒸汽发生器的零火线间的电阻是否正常。该电阻通常在 20Ω 至 25Ω 之间。如果测量为开路（电阻无限大），则需要继续测量蒸汽发生器上的保险装置并找到回路断点。

4）测量蒸汽发生器最底端的熔丝。该熔丝为熔断型，如果测量为断路，则该熔丝需要更换。

5）测量蒸汽发生器的温度保护开关装置。该装置当温度过高时会自行断开，温度下降时会自行恢复导通状态。所以要在室温冷锅的状态下测量该开关。如果该开关是永久开路，则需要更换整个蒸汽发生器。

6）测量蒸汽发生器的补水开关。进入服务菜单，将参数 Z24 设置为 0，记住原始值为 6。尽量满载时启动通用程序，如果该补水开关工作正常，则会在升温时听到蒸馏水水泵工作补水。若不补水，而且还报了错误，则可以判定该补水开关有问题。需要修理此开关或更换整个蒸汽发生器。

7）如果以上蒸汽发生器的两个熔丝都没问题，主板也输出电压，但是还是不加温，则可能是发生器的加热线圈损坏。

最后发现蒸汽发生器熔丝（见图 4-3）烧断，更换熔丝后机器故障排除。

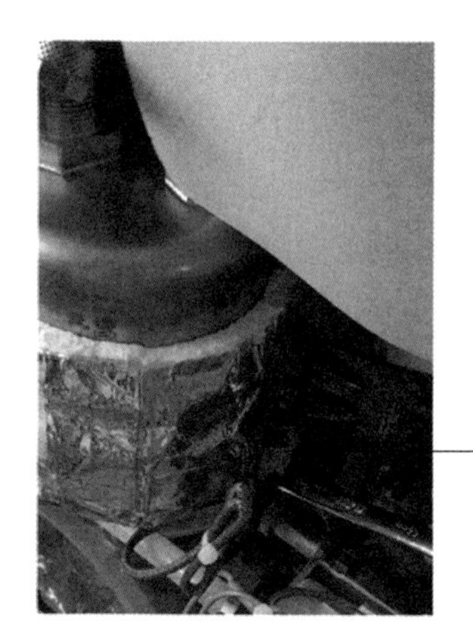

图 4-3　蒸汽发生器熔丝

（4）案例启示　加热类问题一般出现在灭菌器升温阶段。当蒸馏水在蒸汽发生器内被加热至100℃以上时会产生蒸汽，蒸汽顺管路输入灭菌腔体内，从而导致压力和温度上升。如果压力和温度未能在规定时间内达到设定值，则会引发加热类报警信息。

案例 8. 因真空泵引起的故障

（1）故障现象　机器开始运行程序一段时间后，发出“嘀嘀”的报警声音。屏幕上显示“真空系统”报警信息。

（2）原因分析　查询设备技术手册得知，该故障为真空系统问题引发。真空值在规定时间内无法到达预设值。

（3）处理措施　真空问题判断较为复杂，按产品技术说明书进行检查，运行真空测试程序，按图 4-4 进行逐项检查。通过检测后判断为真空泵效率低导致的故障，更换真空泵后故障消失。

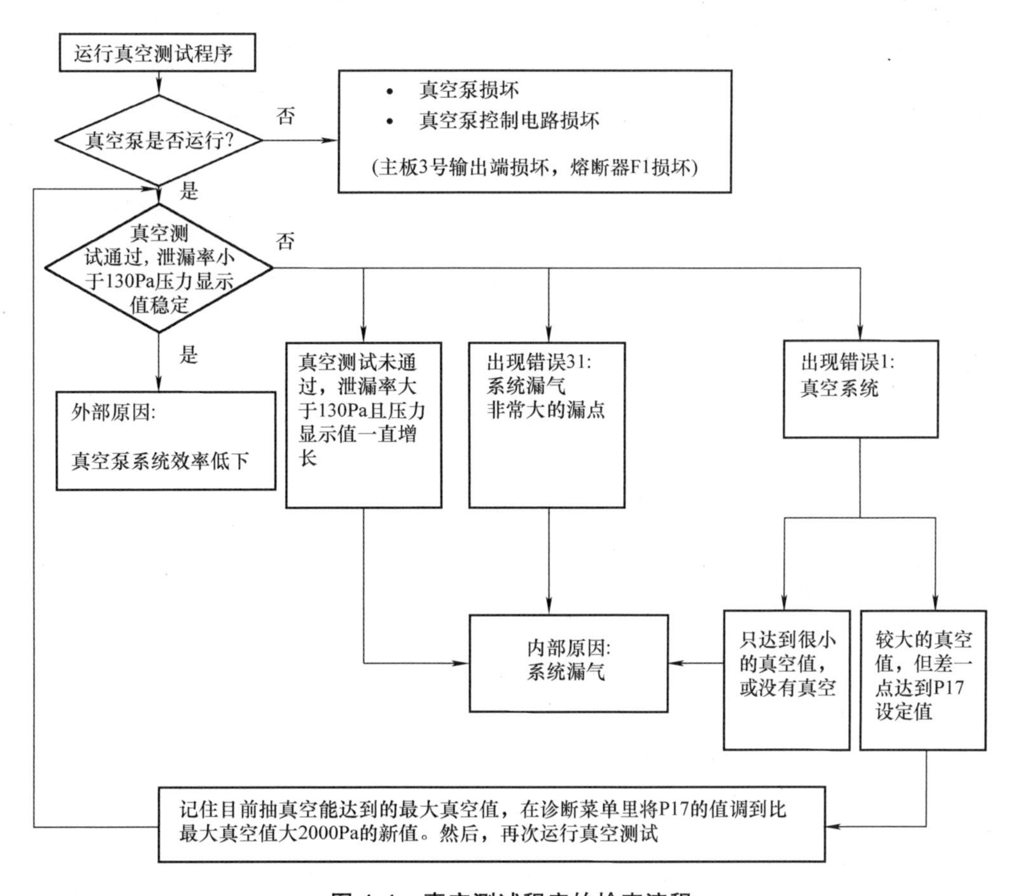

图 4-4　真空测试程序的检查流程

（4）案例启示　小型压力蒸汽灭菌器一般是利用真空泵将灭菌腔体内的剩余空气排空。如果在一定时间内，当前的真空值始终无法达到系统预设值时，系统会中断程序并发出相应的报警信息，真空问题是蒸汽灭菌器最常遇到的问题之一。因为真空系统管路复杂，接头较多，如果在整个真空系统中任意一处存在漏气或真空泵自己的抽气能力下降，都会导致真空问题报警出现。而且真空问题处理起来较为棘手，需要仔细检查判断漏点或测试真空泵性能来确认具体原因。

案例 9. 因泄压排气引起的故障

（1）故障现象　机器开始运行程序一段时间后，发出“嘀嘀”的报警声音。屏幕上显示“排气受阻”报警信息。

（2）原因分析　查询设备技术手册得知，该故障属于泄压排气类问题。

（3）处理措施　采用排除法来处理故障，泄压部件如图 4-5 所示。

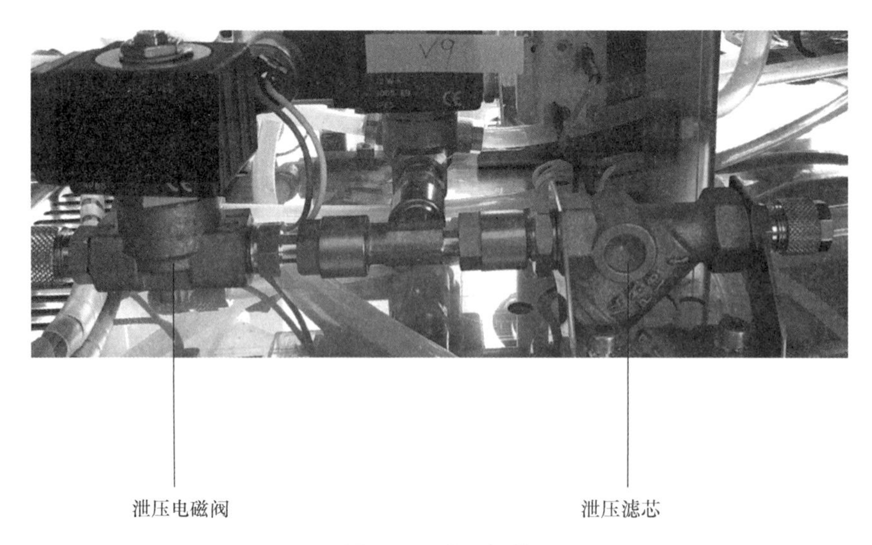

图 4-5　泄压部件

1）检查泄压滤网是否堵塞，如果堵塞，需要清洁滤网。

2）检查泄压电磁阀是否正常工作，电磁阀线圈电阻是否在正常值范围内，主板是否在泄压阶段对泄压电磁阀进行供电。

3）经过排查，发现泄压电磁阀线圈短路。更换线圈后故障消失。

（4）案例启示　泄压排气类问题一般是由于排气系统堵塞，导致在正压下降到负压的过程中，压力无法下降或下降速率太低导致系统报警。该问题比较常见，因为随着每次的泄压排气，腔体内残留的细小杂物都会随着高压水汽从灭菌器的后部排走，中途会经过泄压电磁阀保护滤芯。灭菌器长期工作后，泄压滤芯会因堆积过多的杂物而堵塞，形成气阻，从而影响压力的快速释放。

案例 10. 因灭菌器门密封圈老化引起的故障

（1）故障现象　某小型压力蒸汽灭菌器，按照规定程序启动后，灭菌压力和灭菌温度始终升不上去。

（2）原因分析　造成这一现象的原因可能有两点：①温度、压力传感器发生故障，导致温控系统无法正常工作；②密封不严，出现泄漏。考虑到该设备刚经过计量校准机构检测不久，传感器发生故障的概率比较低，密封不严导致灭菌压力和温度升不上去的概率比较高。

（3）处理措施　关闭蒸汽灭菌器，在灭菌器恢复常温后，更换灭菌器舱门的密封圈，重新启动灭菌器，灭菌压力和灭菌温度恢复正常值。

（4）案例启示　灭菌器门密封圈属于消耗件，需要根据使用温度和使用频率来确定更换频率。

案例 11. 因电磁阀提心发生堵塞引起的故障

（1）故障描述　一台灭菌器在使用过程中突然出现故障报警，报警显示信息为：升温程序被中断。

（2）原因分析　检查过程中发现该灭菌器每次都在加温到 110℃时出现故障，故判断是因为蒸汽泄漏造成的。经过检查排除消毒盒密封圈及管路泄露的情况，测量排蒸汽的电磁阀其电阻值正常，但观察加温到 110℃时集水管就有蒸汽排出。

（3）处理措施　根据工作原理该电磁阀应该在排气阶段才打开。拆开电磁阀提心发现有堵塞的现象，清理后故障排除。

（4）案例启示　由于电磁阀长期处于高温高湿环境下工作，在日常保养中因经常检查提心是否堵塞，发现堵塞现象应及时更换，确保灭菌器正常工作。

二、人为原因引起的故障

这类故障通常是由于人员操作不当所引起的，一般是由于操作人员对操作流程不熟悉或不小心所造成。这种故障轻则导致设备不能正常工作，重则可能引起仪器损坏。因此，在使用前，必须熟读用户说明或使用说明书，正确掌握设备的操作步骤，规范操作方法，才能减少这类故障的发生。

案例 1. 因灭菌器安装不正确引起的故障

（1）故障现象　灭菌器运行过程无报警，但灭菌程序完成后打开灭菌器门，即有少量水从灭菌器流出。

（2）原因分析　由于灭菌器前后支脚高度调节错误，致使灭菌器的后支脚略高于前支脚，导致灭菌器内的少量凝结水无法从灭菌器的废水管中顺利排放，而是通过灭菌器门流出。

（3）处理措施　先将灭菌器放置于水平位置上，再通过旋转前支脚将其伸长，使灭菌器前部略高于后部，保持 5° 的倾斜角度。调整后重新启动灭菌，结束后再无水溢出，故障排除。

（4）案例启示　为了确保冷凝水从灭菌器废水管排出，应将灭菌器放置在平台后，合理调整前脚使灭菌器前部略高于后部。如果灭菌器前低后高，不但会造成漏水事件，还会造成耗水量增加，影响干燥效果。

案例 2. 因灭菌程序类型选择错误引起的故障

（1）故障现象　某操作者将一批实心负载和一个包装好的少量多孔渗透性负载作为同一批放在一个 B 级小型压力蒸汽灭菌器内进行灭菌，因只有一个多孔性负载，于是选择 S 类灭菌周期进行灭菌，结果失败了。

（2）原因分析　灭菌器的灭菌周期依据《小型压力蒸汽灭菌器灭菌效果监测方法和评价要求》中规定，包括 3 类周期，N 类灭菌周期仅用于灭菌器无包装实心固体负载的周期，B 类灭菌周期适用于灭菌有包装或无包装负载（实心负载、中空负载和多孔性负载等）的周期，S 类灭菌周期用于灭菌生产厂家规定的特殊浮子的周期，包括无包装的实心固体负载和至少以下一种负载：多孔负载、少量多孔条状物、中空负载、单包装物品和多层包装负载。操作者未根据负载的类型选择相应的灭菌周期，导致灭菌失败。

（3）处理措施　灭菌器的灭菌周期类型选择除要熟悉有关标准要求外，还应参照制造商说明书要求，针对不同的负载类型，选择正确的灭菌周期类型。在查找本案例灭菌失败的原因时，发现所使用灭菌器说明书规定的灭菌周期类型选择见表 4-1。

本案例中，操作人员按《小型压力蒸汽灭菌器灭菌效果监测方法和评价要求》对灭菌周期的定义选择 S 类灭菌周期，但根据所使用的灭菌器说明书的规定，对负载中包含少量多孔渗透性负载的灭菌只能选择 B 类周期，不能选择 S 类周期。

（4）案例启示　B 级小型压力蒸汽灭菌器出厂时按下面所列的各类器械和包装形式的负载进行灭菌验证性检测，全部检测符合灭菌要求才合格，是灭菌负载类型涵盖最全的灭菌器，使用时应针对不同的负载，按说明书规定合理选择灭菌周期类型。

表 4-1　小型压力蒸汽灭菌器的灭菌周期类型选择

负载类型	灭菌周期类型		
	B	N	S
实心负载	Y	Y	Y
少量多孔渗透性条状物	Y		
少量多孔渗透性负载	Y		
满载多孔渗透性负载	Y		
B 类空腔负载	Y		Y
A 类空腔负载	Y		Y
复合包装	Y		
特定的医疗器械（参考说明书）	Y		Y

1）灭菌室动态压力。

2）空气泄漏。

3）空载。

4）实心负载。

5）少量多孔渗透性条状物。

6）少量多孔渗透性负载。

7）满载多孔渗透性负载。

8）B 类空腔负载。

9）A 类空腔负载。

10）复合包装。

11）干燥度，实心负载。

12）干燥度，多孔渗透性负载。

案例 3. 因灭菌物品装载不当引起的故障

（1）故障现象　操作者将敷料和器械混在一起打包后放在纺织品托盘的上部，再将一放满器械的托盘置于顶层一起进行灭菌，经一个灭菌周期后发现灭菌失败。

（2）原因分析　这是典型的灭菌物品装载不当，导致的灭菌失败，经检查主要原因有：

1）将敷料和器械混在一起包装进行灭菌时，会导致器械冷凝水滴落在敷料包上。

2）器械托盘直接摆放在纺织品托盘上，导致器械的冷凝水弄湿了下部的纺织物品。

3）灭菌物品打包过紧，导致蒸汽穿透不均匀。

（3）处理措施

1）敷料和器械打包时应分开包装，对于盘、盆等物品采用立放或倒放的方式，防止存水，如果摆在一起要在中间位置添加吸水纸纱布等隔开。

2）灭菌器械应摆放均匀，间隔排列，不允许重叠摆放。

3）禁止将打包物品托盘及器械托盘放在纺织物品或者柔软的物品上。

4）灭菌物品打包不宜过紧，应有利于蒸汽穿透。

（4）案例启示　消毒物品装放应合理，摆放时要有利于蒸汽进入和冷空气及冷凝水排除。消毒物品过多或放置不当都可影响灭菌效果，正确的摆放应遵循以下原则：

1）应使用专用灭菌架或篮筐装载物品，灭菌包之间应留间隙。

2）灭菌物品的体积不应包得太大，也不应放得过多、包得过紧过挤，不超过腔体容积的 90%，以免影响蒸汽透入。

3）物品装放时，灭菌器械应摆放均匀，尽量将同类物品置于同一批次进行灭菌。

4）不耐热的物品以及对金属有腐蚀性的物品不应放入灭菌器。

5）手术器械包、硬质容器应平放；盆、盘、碗类物品应斜放或立放；大搪瓷盒和贮槽也应立着放，小搪瓷盒和贮槽可采用立放或扣放的方式，如果摆在一起则需在中间位置添加吸水纸、纱布等隔开，留出缝隙，有利于蒸汽穿透；玻璃瓶等底部无孔的器皿类物品应倒立或侧放；纸袋、纸塑包装物品应侧放。

6）材质不相同时，纺织类物品应放置于上层、竖放，金属器械类物品放置于下层。

7）大消毒包应立着放上层，小包放下层；布类和金属类物品同时灭菌时，应将金属类物品包放在下层，使两者受热基本一致，并防止金属物品灭菌中产生的冷凝水弄湿包布。

8）导管的摆放要确保两端都处于开放状态，并且无尖锐的弯头或扭曲。

9）防止灭菌物品接触到灭菌器内腔壁，尤其是纺织类物品，避免因内腔壁温度过高造成灭菌物品损坏。

案例 4. 因未进行预热程序引起的故障

（1）故障现象　操作人员未按说明书要求预热灭菌器，直接将灭菌物品放入灭菌器腔体中开启灭菌器进行灭菌，导致灭菌失败。

（2）原因分析　一般小型压力蒸汽灭菌器需要先对腔体和蒸汽发生器进行预热后再进行灭菌操作，未进行预热程序，该操作人员未按说明书要求进行预热，造成腔体内产生的冷凝水滴落在灭菌物品上，从而导致灭菌失败。

（3）处理措施　参照设备制造商说明书的要求，进行预热程序，预热程序完成后再进行灭菌物品的灭菌。

（4）案例启示　不同的灭菌设备，即使结构和原理一同，操作要求也不尽相同。一般小型压力蒸汽灭菌器都需要先预热再进行灭菌操作，应严格按照设备制造商说明书规定，要求预热的应完成预热程序后再进行灭菌物品的灭菌。操作人员应熟悉设备性能和操作要领，制定操作技术规程，正确操作设备。

案例 5. 因使用人员操作不当引起的故障

（1）故障现象　使用某小型灭菌器进行物品消毒灭菌，灭菌完毕后，出现湿包现象。

（2）原因分析　当液态的水被加热到沸点时，水蒸发形成蒸汽，虽然此时液态的水和蒸汽具有相同的温度，但蒸汽含有的热能比液态的水多，当冷的物品接触到蒸汽时，蒸汽会迅速释放热能给物体，蒸汽冷凝形成了冷凝水。由于金属物品导热系数大，金属物品越多产生的冷凝水就越多，多数的冷凝水在灭菌过程中排出，而在一个正常的蒸汽灭菌周期蒸发后，若冷凝水未从整批灭菌物中完全蒸发，湿包就产生了。经分析，在此次灭菌中，包装器械和盘盆打包时，盘、盆之间没有使用吸水性毛巾分隔，并且消毒的金属器械件数多，产生的冷凝水多，不易汽化最终导致湿包产生。

（3）处理措施　重新进行灭菌，规范灭菌物品摆放。

（4）案例启示 《消毒技术规范》规定，消毒包裹含水量应小于 3%，如含水量超过 6% 为湿包，湿包应视为灭菌失败，必须重新包装灭菌。对于湿包现象，必须进行原因分析，并针对其原因采取相应的控制、改进措施，提高灭菌成功率，保证灭菌质量。在消毒工作中，为了减少及避免湿包的产生，要加强操作人员的业务学习和在职培训。组织操作人员学习压力蒸汽灭菌监测的专业知识，掌握湿包监测的意义及作用，提高消毒员的专业理论水平和实际操作能力，建立湿包记录制度，把发生湿包的情况记录下来，分析湿包发生在某一科室准备的物品上，或某一小型压力蒸汽灭菌器操作人员的身上，或仅发生在结构类似的专业器械上等，积极找出发生湿包的原因，并分析、讨论，寻找正确预防湿包的方法，减少湿包发生率，防止发生院内交叉感染，保证医疗质量，保障医疗安全。

案例 6. 因未定期校验引起的故障

（1）故障现象　开机运行，从 B-D 测试开始，经过多次的现场观察、跟踪检查，从设备运行中发现夹层测温不稳定，变化非常大，炉内温度已经很高，但与显示温度的误差非常大。

（2）故障分析　初步断定夹层温度传感器 PT100 出现故障，夹层温度传感器损坏，会影响夹层排水效果，间接影响 B-D 测试，导致灭菌失败。

（3）处理措施　更换灭菌器夹层 PT100 温度传感器后，设备恢复正常测温，屏显温度数字显示正常。

（4）案例启示　小型压力蒸汽灭菌器的温度传感器、压力表和安全阀需要定期校验，如未进行校验，会存在测量不准的风险，温度偏高或偏低都会造成对灭菌物品的灭菌失败。小型蒸汽灭菌器每年应有质量监督部门检查一次，送计量校准机构定期对设备的各部位及仪表进行检测，包括压力传感器、温度传感器、安全阀、气动阀等，检测合格才能继续使用。

三、环境原因引起的故障

这类故障多是由设备的使用环境条件不符合说明书要求引起的。一般的环境条件是指供电电压、温度、湿度、电场、磁场、振动、接地电阻等环境因素。所以在使用过程中，除了选择合适的环境条件，还要注意防尘、防潮、防热、防冻、防振等日常工作环境保持，可以减少此类故障的产生。

案例 1. 因水质原因引起的故障

（1）故障现象　某快速卡式小型压力蒸汽灭菌器在启动灭菌程序后，系统出错报警。查找说明书显示，报警原因为水质不符合要求。

（2）原因分析　快速卡式小型压力蒸汽灭菌器是一款由水箱、灭菌盒、加水泵、蒸汽发生装置、空气泵、电磁阀、安全阀、控制系统等组成的消毒灭菌设备。水质检测探头在水箱底部，根据水的电导率来判断其纯净度。水中所含可溶性物质浓度越高，电导率越高，水的污染程度也越高。

（3）处理措施　出现水质不符报警可通过 3 种方法排除。

1）清洁水质检测探头，清洗水箱，更换超纯水、去离子水、蒸馏水、纯净水等符合要求的水源。

2）调高水质限度值。接通电源，LCD 屏幕显示“请放入灭菌盒”，不要将灭菌盒插到底部；按住“空气干燥”按钮 3s 以上，进入水质限度值设定；按“器械灭菌快捷”按钮增加水质限度值，水质限度值的范围从 10 到 50；按“开始”按钮完成设定；再按“停止”按钮退出设定界面。

3）还有一种应急的方法，非紧急情况不建议使用。从主控板上拔出水质检测探头的一脚，使水质检测探头始终处于断路状态，此时水质检测值始终为 0μS/cm。水质超过 50μS/cm 时将影响灭菌效果，且容易造成管路系统堵塞，造成更大的故障，因此不建议使用此方法。

（4）案例启示　一般小型压力蒸汽灭菌器在程序正式启动之前，需要将灭菌用蒸馏水打入蒸汽发生器内部。如果设备在对蒸馏水检测时发生问题，则程序无法正常启动。如果蒸馏水水质不满足标准，导致机器报警，一般更换蒸馏水即可解决问题。

案例 2. 因海拔变化引起的故障

（1）故障现象　平时在低海拔地区使用的某小型压力蒸汽灭菌器被转移到高海拔地区，按下开始键后，设备正常运行，灭菌器内部温度、压力开始上升，当温度上升到一定值但还没有达到灭菌温度时，压力显示值已达到安全阈值，安全阀自动开启，开始排泄蒸汽，灭菌器无法正常工作。

（2）原因分析　随着海拔的升高，大气压降低，导致灭菌器无法正常工作。

（3）处理措施　处理措施主要有两种。

1）对压力传感器进行修正。因灭菌器出厂时使用国际通用的绝对压力检测，而随着海拔的升高，大气压降低，因此采用该检测方法可能会出现高海拔地区灭菌器无法正常使用的情况。此时，可以对灭菌器内部的压力传感器进行修正，具体修正值可以根据当地海拔高度进行调试得到。

2）提高安全阀开启压力阈值。如果不对压力传感器进行修正，在高海拔地区，当灭菌器内温度还未上升到灭菌温度时，因压力已达最高限制，所以安全阀开启排泄蒸汽，致使灭菌器内压力和温度下降，无法达到灭菌温度要求的参数。此时，可以联系厂家，提高灭菌器安全阀的自动开启阈值。一般来说，安全阀自动开启阈值高于灭菌所需压力的 10%，因高海拔地区大气压降低，因此安全阀开启阈值要相应提高，但安全阀开启压力调试应在灭菌器使用设计安全参数范围内。

（4）案例启示　水的饱和压力和温度存在对应关系，各地海拔高度不同，气压不一样，水的沸点也不一样，灭菌时腔体内温度会存在过高或过低，从而导致灭菌失败。此时，可以参照设备制造商说明书的要求，针对不同的地区的海拔，对压力传感器基准进行校正，保证灭菌物品要求的温度和压力。也可在保证安全的前提下，通过提高安全阀开启压力阈值来提高灭菌温度，达到灭菌的目的。

案例 3. 因使用环境不满足要求引起的故障

（1）故障现象　某小型压力蒸汽灭菌器在抽 3 次真空结束后，内室进气阀打开进蒸汽，压力温度逐步上升，待压力升至 0.13MPa 时，内室压力增长变得非常缓慢，很长时间才达到 0.17MPa，温度为 127℃，最终灭菌过程未能通过。

（2）原因分析　通过现象直观判断导致灭菌失败的原因是内室气压不足。

（3）处理措施　造成内室气压不足的原因有两种：气源气压不足和漏气，可以采用排除法查找故障原因。首先查看气源压力表，该表指示为 0.4MPa，夹层进气压力可达到 0.22MPa，内室也可以进气，可排除气源压力不足的可能。基本可判断是漏气造成的内室气压不足，漏气最常见的原因就是门密封条老化。更换一条新门密封条后重新启动灭菌程序，压力仍旧不能维持，排出门密封条老化的可能。进一步查看设备原理图，进出内室的通道只有抽真空阀、内室进气阀、进空气阀和慢排阀。在维修程序下，逐一手动打开 / 关闭以检查这些气动阀的动作情况，发现只有慢排阀不动作，始终处于打开状态。拔掉该气动阀的供气端，气动阀可复位处于关闭状态，故可判断慢排阀一直受前级控制打开。顺供气端往前检查，发现控制气动慢排阀的电磁阀很烫手，也听不到相应的动作。进一步检查，断定是 PLC 控制的排气继电器触点接触不良放电粘连，造成电磁阀始终打开，慢排阀不受 PLC 控制而一直打开，导致漏气。更换该继电器后，内室压力可迅速升至 0.22MPa，故障排除。

经分析导致继电器触点接触不良的原因是灭菌器长期处于高温高湿的环境中，外露的电器元件受潮氧化出现短路。抽真空时排气单向阀截止，尚能使内室保持密闭，内室进气后，单向阀打开通向排气阀漏气，内室压力一直不能上升到目标值，灭菌温度低，达不到灭菌要求。

（4）案例启示　部分用户使用的环境超出了设备规定的要求，比如环境相对湿度到达 90% 以上。长期在这种环境中，设备中的部件如电路控制板、门密封条、阀门等老化很快，导致设备无法正常运行，物品无法进行灭菌。为了保证小型蒸汽灭菌器的灭菌质量并延长灭菌器的使用寿命，应参照设备制造商说明书的要求，改善蒸汽灭菌器设备使用的环境，确保使用环境温湿度满足灭菌器使用要求。

案例 4. 因日常维护保养引起的故障

（1）故障描述　某医院购买一台小型压力蒸汽灭菌器，经常性出现电气、压力故障，使用 3 年后报废。

（2）原因分析　该医院没有安排专人负责消毒和设备维护，由于工作人员的误操作，在有压不断电情况下加水，使得箱内水反冲水管，使电热管失水干烧损坏，造成故障。同时，由于没有使灭菌器在不工作状态下保持干燥，致使锅壁及水箱腐蚀，出现散布型洞孔。由于维护保养知识缺乏造成的反复误操作，最终导致设备寿命大大缩短。

（3）处理措施　安排专人负责灭菌器的保养和维护，提高设备使用寿命。

（4）案例启示　小型压力蒸汽灭菌器应每日每月进行维护保养，如不进行保养（如门密封条不清理，会造成密封不好，过滤器不清理，会造成注水报警等）会造成设备运行故障和灭菌物品的失败。应规范日常维护和安全检查记录，根据使用小型压力蒸汽灭菌器的重点关注问题进行罗列，并制定日常维护和安全检查记录表，监测人员根据日常维护和安全检查记录表每天进行检查：如检查压力表的压力、门锁扣的安全性、密封圈、电源、打印纸、水箱，清洁炉腔、门封、滤网出水口等，并做好记录，发现问题及时处理，保证灭菌过程顺利进行。

案例 5. 因超过产品使用有效期后继续使用引起的故障

（1）故障描述　脉动真空灭菌器进入灭菌程序后，夹层和内室压力表显示正常，物理监测的温度达不到正常灭菌温度。

（2）故障分析　通常这种情况多为灭菌器漏气引起，检查方法通常为泄漏测试。具体操作为：打开设备电源，打开压缩机，关闭灭菌器前后门，点击程序运行选项中的维护，选择泄漏测试程序。整个试验运行时间约 30 min，程序运行至保压时设备开始保压试验，在保压试验中发现设备有泄漏。经查找，漏压是由于灭菌器前后门密封条长时间使用导致老化、变形，单向阀长期处于高温状态，出现堵塞，压缩机运行时出现异响，但尚能工作。

（3）处理措施　该灭菌器使用年限已接近规定年限，需要考虑新购替换。

（4）案例启示　小型压力蒸汽灭菌器产品根据国家和供应商规定，都会存在使用寿命，到达寿命后需要进行报废处理，部分用户存在超期使用的现象，设备超过寿命后，部分部件存在老化现象，压力温度检测会存在不准确现象，压力温度监测不准确会导致灭菌的失败，其他部件老化会导致设备运行故障，无法进行灭菌。

第二节　小型压力蒸汽灭菌器常见故障分析

一、密封门故障

案例 1. 密封门打不开

（1）故障分析

1）内室有正压或负压。

2）门密封胶条没抽回。

3）程序在运行。

4）启动电容坏。

5）门电动机故障。

6）门内传动系统损坏。

（2）处理措施

1）待室内压力回零后，再开门；检查真空泵是否工作正常。

2）门密封管路是否堵塞，泵是否反转，是否有水。

3）退出灭菌程序。

4）更换门电动机启动电容。

5）检查门电动机。

6）检查门内传动系统。

案例 2. 关门后密封胶条不密封

（1）故障分析

1）门关位的限位开关不到位。

2）气源未接通或压力不足。

（2）处理措施

1）检查门关位的限位开关是否闭合。

2）检查压缩空气源。

案例 3. 密封槽内有水渗出

（1）故障分析　泵吸气口处的单向阀坏。

（2）处理措施　检查修理或更换单向阀。

案例 4. 关门时门不动作

（1）故障分析　门侧面的闭合开关未到位。

（2）处理措施　检查门闭合开关，并调节好滚轮位置。

案例 5. 门电动机不启动

（1）故障分析

1）没有电源。

2）控制箱继电器未吸合。

3）继电器损坏。

4）电动机损坏。

（2）处理措施

1）检查电源。

2）检查控制箱继电器线路。

3）更换继电器。

4）更换门电动机。

案例 6. 门关不到位或到位后回弹

（1）故障分析　前封板门挡条上门定位装置松动。

（2）处理措施　调整门定位装置。

案例 7. 门齿条与挡条齿形不对称

（1）故障分析　门内行程开关的控制位置有变。

（2）处理措施　调整控制上位或下为行程开关摇臂的位置。

案例 8. 手动开关门不正常

（1）故障分析

1）内室有压力。

2）密封圈未收回。

3）手动杆脱落。

4）门内传动系统损坏。

（2）处理措施

1）检查内室压力。

2）检查密封圈状态。

3）将手动杆装入原位置。

4）检查门内传动系统。

案例 9. 开关门噪声增大

（1）故障分析

1）门电动机变速机构损坏。

2）传动链条与其他零件摩擦。

3）传动轴承损坏。

4）缺少润滑。

（2）处理措施

1）更换门电动机。

2）调整链轮位置或更换传动链条。

3）更换传动轴承。

4）加凡士林润滑脂润滑。

二、启动系统故障

案例 1. 打开电源后触摸屏不亮

（1）故障分析

1）触摸屏电源未接通。

2）熔丝烧坏。

3）无 24V 电源。

4）系统交流电源部分连接不正常。

（2）处理措施

1）检查触摸屏电源。

2）更换熔丝。

3）检查 24V 电源。

4）检查系统交流电源部分连接线是否正常、接插件有无松动现象。

案例 2. 程序不启动

（1）故障分析

1）密封门未关好。

2）未退出手动程序。

3）PLC 灭菌程序不正常。

4）PLC 损坏，SF 故障指示灯亮。

5）PLC 的工作方式选择开关拨在 stop 位置。

（2）处理措施

1）关好密封门。

2）退出手动程序。

3）重新下载程序或使用程序存储块（EPROM）输入程序。

4）更换新的 PLC。

5）PLC 的工作方式选择开关拨在 run 位置。

案例 3. 通信中断或触摸屏运行灯闪烁不稳定

（1）故障分析

1）带电拔插通信口导致通信接口烧坏。

2）通信接口接触不良。

3）通信线不正常。

4）DC 24V 电源不正常。

（2）处理措施

1）更换通信线，检查是否接口烧坏，如果损坏需更换相对应的触摸屏或 PLC。

2）关机后，重新连接。

3）检查通信线，有无断线、线头焊接不牢脱落现象。

4）检查 DC 24V 电源及其连线是否正常。

案例 4. 所设参数复零

（1）故障分析　电池没电。

（2）处理措施　更换电池，重设参数。

案例 5. 触摸屏无显示

（1）故障分析

1）进入屏保程序。

2）停机。

3）DC 24V 电源故障。

4）触摸屏损坏。

（2）处理措施

1）轻触触摸屏看能否退出屏保。

2）重新启动。

3）检查 24V 电源。

4）更换触摸屏。

案例 6. 触摸屏黑屏 / 闪烁，并伴有蜂鸣器响

（1）故障分析

1）进入屏保程序。

2）触摸屏故障。

3）触摸屏受潮或过热。

4）DC 24V 电源故障。

（2）处理措施

1）轻触触摸屏看能否进入重新启动。

2）更换触摸屏。

3）将触摸屏放在通风干燥的地方。

4）检查 DC 24V 电源。

三、真空系统故障

案例 1. 泵抽空太慢，负压达不到标准

（1）故障分析

1）抽空管路中有泄漏。

2）截止阀调节不当。

3）水源无水。

4）压力控制器故障。

5）内室疏水管路单向阀损坏。

6）管路系统中有冷凝物。

7）抽空阀没有打开。

8）管路结垢太多。

9）门胶条向内室漏气。

（2）处理措施

1）检查管路各连接部件，进行保压试验。

2）调节截止阀开度。

3）检查有无供水。

4）调整或更换压力控制器。

5）修理或更换单向阀。

6）检查阀、管道，并做必要清理。

7）检查有无压缩气，修理或更换阀门。

8）冷凝器及泵等管路系统进行化学除垢。

9）检查门密封胶条。

案例 2. 真空泵噪声大

（1）故障分析

1）水源未接通。

2）真空泵反转。

3）泵进水截止阀开度过大。

4）真空泵结垢严重。

5）抽空阀未打开。

（2）处理措施

1）检查水源。

2）调整任意两相电源接线。

3）减小泵进水截止阀的开度。

4）给泵及管路除垢。

5）检查抽空管路。

案例 3. 气动阀不动作

（1）故障分析

1）压缩气源压力不足。

2）先导阀气路故障。

3）PLC 没有输出。

4）PLC 有输出指示，但输出口烧掉。

（2）处理措施

1）检查压缩气源是否正常。

2）检查先导阀气路有无泄漏、堵塞现象。

3）检查 PLC 是否在“RUN”状态。

4）更换 PLC。

案例 4. 真空泵不启动

（1）故障分析

1）没有动力电源。

2）泵启动器未接通。

3）泵启动器损坏。

4）真空泵电动机烧坏。

5）热继电器保护。

6）真空泵电动机堵转。

（2）处理措施

1）检查动力电源。

2）检查泵启动器控制线路。

3）更换泵启动器。

4）更换真空泵。

5）检查热继电器保护电流设定是否合适，检查真空泵排水管路是否存在阻力过大现象，检查真空泵进水是否过大。

6）真空泵电动机在长期不用后，再次使用通电前，必须先人工使真空泵转动几下，防止因泵内生锈造成电动机堵转。

案例 5. 程序运行过程中门周围有汽漏出

（1）故障分析

1）压缩气源压力不足。

2）门密封管路泄漏。

3）门密封圈磨损。

（2）处理措施

1）检查压缩气源。

2）查找泄漏点，并处理。

3）更换密封圈。

四、温度、压力系统故障

案例 1. 夹层进汽慢，升温时间延长

（1）故障分析

1）夹层及内室疏水阀开度过大。

2）调压阀调整不当。

（2）处理措施

1）调节夹层及内室疏水阀。

2）调节调压阀。

案例 2. 夹层压力高但内室压力上不去

（1）故障分析

1）疏水阀开度太大。

2）管路有泄漏处。

（2）处理措施

1）调节疏水阀。

2）检查漏汽处。

案例 3. 升温速度太慢

（1）故障分析

1）汽源压力低。

2）蒸汽饱和度低。

3）灭菌物品装载太多。

（2）处理措施

1）检查汽源压力。

2）使用饱和蒸汽。

3）减少灭菌物品装载量，特别是包裹类。

案例 4. 压力达到，但温度升不上去

（1）故障分析

1）疏水阀开度太小，导致疏水管路中有积水。

2）门胶条向内室漏气。

（2）处理措施

1）调节疏水阀。

2）检查门密封胶条。

案例 5. 温度显示很高，并且固定不变为 516.1/326.7

（1）故障分析

1）铂热电阻连线未接好。

2）测温电路连线未接好。

3）铂热电阻损坏。

（2）处理措施

1）检查铂热电阻，重新接线。

2）检查测温电路。

3）更换铂热电阻。

案例 6. 开机温度显示与室温不符

（1）故障分析

1）铂热电阻损坏。

2）模块调整不准。

（2）处理措施

1）更换铂热电阻。

2）校正模块。

案例 7. 压力无显示或显示为 -200kPa

（1）故障分析

1）电缆无法通信。

2）压力变送器接线错或脱落。

（2）处理措施

1）检查通信线和压力变送器。

2）检查压力变送器的接线。

案例 8. 温度与压力显示跳跃不定

（1）故障分析

1）地线未接好。

2）设备周围存在强磁场。

3）温度、压力变送器性能不稳定。

（2）处理措施

1）地线重新接地，将控制箱地线接在设备主体，不要与其他供电设备的地线直接连在一起，以免引入新的干扰。

2）检查周围磁场来源。

3）更换温度压力变送器。

案例 9. 温度与压力不符

（1）故障分析

1）对压力进行校正。

2）汽源压力过低。

3）汽源压力忽高忽低。

（2）处理措施

1）校正内室压力。

2）调整汽源压力。

3）保证汽源压力稳定。

案例 10. 温度无显示

（1）故障分析　电缆无法通信。

（2）处理措施　检查通信线和温度变送器。

案例 11. 前后门显示压力不符

（1）故障分析

1）压力表显示不准。

2）压力表损坏。

（2）处理措施

1）校检压力表。

2）更换压力表。

案例 12. 脉动排冷气后 30min 没有达到设定温度

（1）故障分析　有漏气现象。

（2）处理措施　压力表正压状态下，检查设备各管路及密封件连接处是否有泄漏现象，确定位置并修复。

案例 13. 排冷气时间内没有达到设定温度或脉动排气失败

（1）故障分析

1）加热管坏。

2）排冷气时间参数设置不合理。

（2）处理措施

1）检查加热管是否有干烧发黑现象，必要时更换加热管。

2）重新设置排冷气时间参数。

案例 14. 灭菌过程中温度波动过大

（1）故障分析

1）有漏气。

2）设备处于潮湿环境下，造成电路板受潮失灵。

（2）处理措施

1）压力表正压状态下，检查设备各管路及密封件连接处，确定泄漏位置并修复。

2）更换电路板，避免电路板受潮。

案例 15. 压力表内有蒸汽

（1）故障分析　弹簧管漏汽。

（2）处理措施　拧紧接头，如无效重新更换接头。

案例 16. 通电后不升温

（1）故障分析

1）输入电源不正常。

2）加热器损坏。

（2）处理措施

1）按设备铭牌上的电源输入。

2）更换电热管。

案例 17. 压力表温度与数字显示不一致

（1）故障分析

1）灭菌室内存有冷空气。

2）温度传感器 SC 值偏移。

（2）处理措施

1）手动适量开启排气阀。

2）修正温度传感器 SC 值。

案例 18. 加热灯亮，温度不上升

（1）故障分析

1）保温时间没有设定。

2）固态继电器异常。

3）电热管损坏。

（2）处理措施

1）设定保温时间。

2）检查固态继电器。

3）检查电热管。

案例 19. 高水位灯亮，显示温度不上升

（1）故障分析

1）保温时间没有设定。

2）固态继电器损坏。

3）电热管损坏。

（2）处理措施

1）重新设定保温时间。

2）更换合格固态继电器。

3）更换合格电热管。

五、安全报警系统故障

案例 1. 安全阀不停起跳

（1）故障分析

1）灭菌器内冷空气未排尽，压力过高，温度上不去。

2）安全阀失灵。

（2）处理措施

1）适当开启下排气阀，排除灭菌器内冷空气。

2）更换合格安全阀。

案例 2. 超温报警

（1）故障分析

1）灭菌室内温度超过设定值 2℃。

2）温度传感器 SC 值设定偏离。

（2）处理措施

1）适当调整温度传感器 SC 值。

2）调整无效，更换温度传感器。

案例 3. 安全阀在正常工作状态下起跳

（1）故障分析　安全阀失灵。

（2）处理措施　更换合格的安全阀。

案例 4. 灭菌器温度超过正常工作温度后仍继续上升至安全阀起跳

（1）故障分析　温度（压力）控制器失控。

（2）处理措施

1）检查高压控温度设置是否正确。

2）经过调节无效，更换高压控。

案例 5. 安全阀超过安全参数

（1）故障分析

1）安全阀堵塞。

2）安全阀失灵。

（2）处理措施

1）清除堵塞物。

2）更换合格的安全阀。

案例 6. 联锁灯不亮或机器不运行

（1）故障分析

1）盖未紧密闭合，联锁销未到位。

2）联锁灯坏。

3）水位未超过低水位传感器。

（2）处理措施

1）开盖后重新盖上，应紧密闭合。

2）更换合格联锁灯。

3）重新注入水，使水量超过低水位传感器。

六、显示系统故障

案例 1. 显示窗显示错误

（1）故障分析

1）温度传感器损坏。

2）电路控制板损坏。

（2）处理措施

1）更换合格温度传感器。

2）更换合格电路控制板。

案例 2. 液晶屏 SV 窗口无温度显示

（1）故障分析

1）温度传感器异常。

2）设置温度后未确认。

（2）处理措施

1）检查温度传感器。

2）重新设置温度并触按 SET 键确认。

案例 3. 设置时按动移位键，相应位置无闪烁现象

（1）故障分析　控制面板损坏。

（2）处理措施　更换合格控制面板。

参考文献

[1] 沈瑾，张流波 . 小型压力蒸汽灭菌器的研究进展 [J]. 中国消毒学杂志，2007，24（3）：271-274.

[2] 全国消毒技术与设备标准化技术委员会 . 小型蒸汽灭菌器　自动控制型：YY/T 0646—2015[S]. 北京：中国标准出版社，2016.

[3] 王绥家，黄宏星 . 关于微生物实验室小型压力蒸汽灭菌器的若干问题 [J]. 海南医学，2011，22（13）：111-112.

[4] 谢鹏程 . HS66 系列高压灭菌器原理、故障及维护保养 [J]. 临床医学工程，2010，17（6）：118-119.

[5] 熊伟 . 矩形蒸汽灭菌压力容器的研究 [D]. 宁波：宁波大学，2012.

[6] 吴丽 . 最新医院消毒新技术应用与消毒供应中心成功管理必读实用全书 [M]. 北京：人民卫生出版社，2013.

[7] 冯秀兰 . 消毒供应中心灭菌实用手册 [M]. 广州：广东科技出版社，2015.

[8] 刘玉村，梁铭会 . 医院消毒供应中心岗位培训教程 [M]. 北京：人民军医出版社，2013.

[9] The British Standards Institution .Small steam sterilizers：BS EN 13060：2014+A1：2018[S]，London：BSI Standards Limited，2018.

[10] 国家卫生和计划生育委员会 . 医院消毒供应中心 第 3 部分：清洗消毒及灭菌效果监测标准：WS 310.3—2016[S]. 北京：中国标准出版社，2017.

[11] 卫生部医院感染控制标准专业委员会 . 医疗机构消毒技术规范：WS/T 367—2012[S]. 北京：中国标准出版社，2012.

[12] 国家质检总局特殊设备安全检查局 . 固定式压力容器安全技术监察规程：TSG 21—2016[S]. 北京：新华出版社，2016.

[13] 全国消毒技术与设备标准化技术委员会 . 医疗保健产品灭菌 湿热 第 1 部分：医疗器械灭菌过程的开发、确认和常规质控要求：GB 18278.1—2015[S]. 北京：中国标准出版社，2017.

[14] 全国消毒技术与设备标准化技术委员会 . 立式蒸汽灭菌器：YY/T 1007—2018[S]. 北京：中国标准出版社，2018.

[15] 国家卫生和计划生育委员会 . 小型压力蒸汽灭菌器灭菌效果监测方法和评价要求：GB/T 30690—2014[S]. 北京：中国标准出版社，2015.

[16] 国家卫生和计划生育委员会 . 医院消毒供应中心　第 2 部分：清洗消毒及灭菌技术操作规范：WS 310.2—2016[S]. 北京：中国标准出版社，2017.

[17] 国家卫生和计划生育委员会 . 医院消毒供应中心　第 3 部分：清洗消毒及灭菌效果监测标准：WS 310.3—2016[S]. 北京：中国标准出版社，2017.

[18] 姚卓娅，耿军辉，李漫春 . 压力蒸汽灭菌器常见故障分析及日常维护措施 [J]. 中国消毒学杂志，2018（8）：624-626.

[19] 陈锐 . 小型快速压力蒸汽灭菌器灭菌质量存在的问题及对策 [J]. 中国消毒学杂志，2011（2）：247-248.